服装高等教育"十二五"部委级规划教材

CAD服装款式表达

高飞寅　主编

中国纺织出版社

内 容 提 要

CAD服装款式设计是服装设计专业的一门重要课程，也是服装设计的必备专业基础。本书主要涉及服装设计CAD-Coreldraw、Photoshop在服装设计中的应用，是作者长期教学和实践经验的总结，就服装设计CAD-Coreldraw简介、服装流行预测报告书的Coreldraw应用、服装图形设计的Coreldraw应用、平面款式图的Coreldraw应用、服装结构设计的Coreldraw应用、服装设计CAD-Photoshop基础操作、Photoshop图像与工具操作、款式效果图的Photoshop应用等方面进行了系统的阐述。书中各章节均运用大量的图片和实例对内容及操作方法进行讲解，使其更具有实用价值。

本教材适合于高等院校服装设计专业的教学，同时也可为服装设计同行提供操作的实例，是服装设计专业的一本不可缺少的基础教材。

图书在版编目（CIP）数据

CAD 服装款式表达 / 高飞寅主编 .—北京：中国纺织出版社，2012.6
服装高等教育"十二五"部委级规划教材
ISBN 978-7-5064-8708-5

Ⅰ.① C⋯　Ⅱ.①高⋯　Ⅲ.①服装—计算机辅助设计—AutoCAD 软件—高等学校—教材　Ⅳ.① TS941.26

中国版本图书馆 CIP 数据核字（2012）第 115510 号

策划编辑：张　程　　责任编辑：韩雪飞　　责任校对：梁　颖
责任设计：何　建　　责任印制：何　艳

中国纺织出版社出版发行
地址：北京东直门南大街6号　邮政编码：100027
邮购电话：010　64168110　传真：010　64168231
http://www.c-textilep.com
E-mail:faxing@c-textilep.com
北京鹏润伟业印刷有限公司印刷　各地新华书店经销
2012年6月第1版第1次印刷
开本：787×1092　1/16　印张：11.25
字数：199千字　定价：35.00元

编写委员会

主　　编：高飞寅
参编人员：卢亦军　文　英

出版者的话

《国家中长期教育改革和发展规划纲要》中提出"全面提高高等教育质量","提高人才培养质量"。教育部教高〔2007〕1号文件"关于实施高等学校教学质量与教学改革工程的意见"中，明确了"继续推进国家精品课程建设"，"积极推进网络教育资源开发和共享平台建设，建设面向全国高校的精品课程和立体化教材的数字化资源中心"，对高等教育教材的质量和立体化模式都提出了更高、更具体的要求。

"着力培养信念执着、品德优良、知识丰富、本领过硬的高素质专门人才和拔尖创新人才"，已成为当今院校教育的主题。教材建设作为教学的重要组成部分，如何适应新形势下我国教学改革要求，配合教育部"卓越工程师教育培养计划"的实施，满足应用型人才培养的需要，在人才培养中发挥作用，成为院校和出版人共同努力的目标。中国纺织服装教育学会协同中国纺织出版社，认真组织制订"十二五"部委级教材规划，组织专家对各院校上报的"十二五"规划教材选题进行认真评选，力求使教材出版与教学改革和课程建设发展相适应，充分体现教材的适用性、科学性、系统性和新颖性，使教材内容具有以下三个特点：

（1）围绕一个核心——育人目标。根据教育规律和课程设置特点，从提高学生分析问题、解决问题的能力入手，教材附有课程设置指导，并于章首介绍本章知识点、重点、难点及专业技能，增加相关学科的最新研究理论、研究热点或历史背景，章后附形式多样的思考题等，提高教材的可读性，增加学生学习兴趣和自学能力，提升学生科技素养和人文素养。

（2）突出一个环节——实践环节。教材出版突出应用性学科的特点，注重理论与生产实践的结合，有针对性地设置教材内容，增加实践、实验内容，并通过多媒体等形式，直观反映生产实践的最新成果。

（3）实现一个立体——开发立体化教材体系。充分利用现代教育技术手段，构建数字教育资源平台，开发教学课件、音像制品、素材库、试题库等多种立体化的配套教材，以直观的形式和丰富的表达充分展现教学内容。

教材出版是教育发展中的重要组成部分，为出版高质量的教材，出版社严格甄选作者，组织专家评审，并对出版全过程进行跟踪，及时了解教材编写进度、编写质量，力求做到作者权威、编辑专业、审读严格、精品出版。我们愿与院校一起，共同探讨、完善教材出版，不断推出精品教材，以适应我国高等教育的发展要求。

中国纺织出版社

前言

信息时代，人类的生产方式和生活理念发生了很大变化。服装设计观念的更新，无疑是这种趋势最直观的表达。在信息时代，服装设计师应具备服装设计的基本理论和操作技能，并将现代化的设计手段、设计工具、设计技法运用到设计中。熟练掌握这些工具不仅可以加快服装设计的进程、开阔设计思路，使设计不被重复的工艺所干扰，并且，数字化设计工具所产生的效果可能为设计师提供新的设计想法和创作思路，某些"不可预知"的效果和色彩组成也为服装设计素材的变化提供全新的想象空间。

对服装设计本身来说，通过数字化在服装设计中的应用，使产品设计的信息在设计之初就可以进行大规模的分享，数字化网络技术可以使企业和消费者之间的联系更为直接，可以进行实时的信息互动。

今天，随着计算机和网络等服装数字化技术的飞速发展，大量的数字化设计工具产生，对设计而言可能有着重要的创作意义，同时也可能带来设计上的变革。服装设计师可利用先进的数字化技术进行设计操作，并通过独特的形象语言来表达设计文化和内涵。把握信息时代的服装设计，对于服装业的发展至关重要。

现在，随着人们生活水平的提高，服装的款式变化节奏加快，人们对服装的要求在不断提高，更多的是通过服装表达自己的个性和穿着风格，体现个人的文化及修养内涵。服装行业已形成个性化、风格化的服装流行趋势，品种多、批量小、周期短、物化快成为当今服装行业生产和销售的主要特点，服装行业的信息化转型正在许多服装企业中拉开序幕，由工业化逐步向信息化、数字化、产业化方向发展，促进服装行业的变革和升级。利用现代科学技术推动服装行业的发展是服装业发展的方向，市场化、自动化、数字化、信息化已成为现代服装行业的标志，应用信息数字化技术也是现代服装行业生存和发展的必由之路。

目前，设计软件及系统的不断更新为设计者提供了更好的设计平台。服装设计CAD软件将计算机辅助设计技术引入服装设计领域，可承担各种复杂、准确、快速的服装设计与制作，大大提高了服装设计效率、准确性及设计水平。在服装CAD设计软件中可以建立动态的人、机、环境的真实场景，从而用最佳的场景状态设计开发新产品。

本教材的写作得到了学院、纺织服装基地项目组等方面的重视和支持，在此我谨代表参与教材编写的专家学者和全体参与组织工作的有关人员，对上述领导部门表示感谢！

　　本书作为"十二五"规划教材，充分吸收了近十年来电脑辅助服装设计的教学实践和教材建设的经验，系统全面地阐述了服装设计与设计软件应用的有机结合，并通过网络平台结合信息化、数字化技术应用，使数字化技术充分介入到服装设计的每一环节，同时基于近年来各相关服装院校的实地考察和学术交流，本书广泛反映了服装学科在该领域的新进展和新成果。

　　在本书中，强化了教与学互动内容的设置，注意培养初学者的创新能力、协作精神，并使其开阔专业视野。本书有大量作品的方法分解，完全基于作者长期一线从教的心得。图语，也称图形语言，对学习、从事设计工作的读者来说图形语言表达更加来得直接，来得生动，也容易掌握。

　　《CAD服装款式表达》教材的写作和出版工作得到了浙江纺织服装学院、宁波纺织服装人才基地项目组等方面的高度重视，在此我谨代表参与教材编写的专家学者和全体参与组织工作的有关人员和部门，致以谢意！

高飞寅

2012年2月

CAD 服装款式表达教学内容及课时安排

章/课时	课程性质/课时	节	课程内容
第一章 （2课时）	服装设计 CAD–Coreldraw 基础理论		• 服装设计 CAD–Coreldraw 简介
		一	服装设计 CAD 分类与范围
		二	Coreldraw X4 的界面和基本操作
		三	Coreldraw 的基本绘图工具和图形编辑
第二章 （8课时）	专业知识及 控制方法		• 服装流行预测报告书的Coreldraw应用
		一	服装流行色预测报告书的制作
		二	服装面料、色彩趋势预测报告书的制作
第三章 （6课时）			• 服装图形设计的Coreldraw应用
		一	品牌标志设计Coreldraw应用
		二	服饰图案设计Coreldraw应用
第四章 （12课时）	专业知识及 专业技能		• 平面款式图的Coreldraw应用
		一	Coreldraw平面款式图绘制
		二	服装面料底纹在款式中的Coreldraw应用
		三	服饰图案在款式中的Coreldraw应用
第五章 （6课时）			• 服装结构设计Coreldraw应用
		一	男式夹克结构设计实例
		二	男式夹克结构图的Coreldraw绘制方法
第六章 （4课时）	服装设计 CAD–Photoshop 基础理论		• 服装设计CAD–Photoshop基础操作
		一	Photoshop CS5简介
		二	Photoshop CS5基础操作
第七章 （6课时）	专业知识及 控制方法		• Photoshop图像与工具操作
		一	绘制工具
		二	修饰工具
		三	文字工具
		四	选区
		五	其他工具
第八章 （12课时）	专业知识及 专业技能		• 款式效果图的Photoshop应用
		一	服装效果图Photoshop基本绘制方法
		二	Photoshop服装图层效果应用
		三	Photoshop服装效果图图像的处理

注　各院校可根据本校的教学特色和教学计划对课程时数进行调整。

目录

第一章　服装设计CAD-Coreldraw简介

一、服装设计CAD分类与范围

目前，以计算机科学为标志的数字技术给设计领域带来了空前的繁荣。计算机介入的设计形式以惊人的速度席卷了服装技术许多领域，对服装设计及思维方式都正在产生着重大而深远的影响，设计迎来了崭新的数字化时代。

CAD(Computer Aided Design) 即计算机辅助设计，是指利用计算机及其图形设备帮助设计人员进行设计工作。在工程和产品设计中，计算机可以帮助设计人员担负计算、信息存储和制图等项工作。

服装设计 CAD 是运用计算机操作平台结合图形设计软件进行服装设计的过程。服装设计 CAD 主要包括 Coreldraw 服装款式图、Illustrator 服装款式绘制、Photoshop 服装效果图及相关的设计软件的服装设计应用。本书主要针对 Coreldraw 服装款式图、Photoshop 服装效果图进行讲解。

二、Coreldraw X4的界面和基本操作

Coreldraw 是目前最流行的矢量图形设计软件之一，它是由全球知名的专业化图形设计与桌面出版软件开发商——加拿大的 Corel 公司于 1989 年推出的。它既是一个大型的矢量图形制作工具软件，也是一个大型的工具软件包，Coreldraw 是目前世界上使用最广泛的平面设计软件，能够任意设置纸张规格、绘图比例、绘图单位及精确度要求；可以设置原点、测量尺度、辅助线；线形工具可以绘制图形，造型工具可以对线条进行任意移动及线形处理，变形工具可以精确地对图形、线条进行长短、移位、旋转、翻转等控制；属性工具可以对设计的物件进行粗细、色彩、格式的控制。

1. Coreldraw X4的运行界面

当 Coreldraw 第一次启动时，绘图窗口会显示一个欢迎界面。见图 1-1。

欢迎屏幕可以让用户迅速选择要使用的文件或开始新图的制作。在系统默认状态下，Coreldraw 假定用户要使用欢迎屏幕进行快速启动。如果用户不想要 Coreldraw 显示这个屏幕，那么也可以禁用欢迎屏幕。禁用欢迎屏幕的方法是，单击欢迎屏幕左下角标"启动时显示这个欢迎屏幕"旁的框。如果用户又决定使用欢迎屏幕，则选择【工具】—【选项】，显示选项对话框。在工作区目录下单击【常规】，在靠近对话框的底部单击"当 Coreldraw 启动时"旁边的下箭头，并从下拉列表中选择"欢迎屏幕"，单击【确定】按钮。

（1）【新建空文件】：该选项会打开一张新图画的空白页。

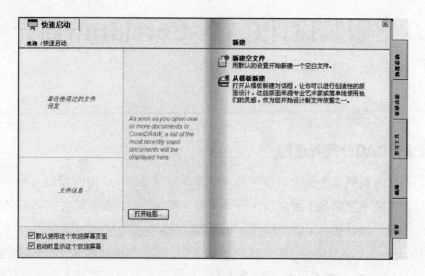

图1-1 Coreldraw欢迎界面

（2）【从模板新建】：该选项可以让用户选取模板，将其作为绘制的基础。

（3）【打开绘图】：打开用户最近编辑的一些文件。当用户把鼠标指针从该图标上移过时，所编辑的文件图形预览及文件信息就会显示在文件名的左边。

（4）【画廊】：根据用户的需求选择打开所连接的网址文件。

（5）【学习工具】：该选项是开始进入学习工具界面，它会指导用户完成一系列练习，用户可以从这里学习许多相关知识和操作方法。

（6）【新增功能】：该选项详细列举了 Coreldraw 所拥有的新特征。

（7）【更新】：提供 Coreldraw 产品的更新升级。

2. Coreldraw 的工作界面

Coreldraw 的工作界面主要由标题栏、菜单栏、标准工具栏、属性栏、工具箱、标尺、屏幕色盘、页面控制栏、状态栏、泊坞窗口、绘图页面等部分组成，如图 1-2 所示。主界面和以往版本大致相同，同时新增加一些工具，让用户在使用过程中更加方便、快捷。

（1）标题栏：显示当前正在编辑的文件名，可用于调整 Coreldraw 窗口的大小。

（2）菜单栏：Coreldraw X4 包含 12 个菜单，可以从菜单中选择各项命令。

（3）标准工具栏：由若干个工具按钮和下拉列表框组成，主要用于管理文件，如对文件进行新建、打开、保存、打印、剪切、复制、粘贴等操作。

（4）工具箱：分类存放着 Coreldraw 中最常用的工具，这些工具可以帮助用户完成各种工作。使用工具箱，可以大大简化操作步骤，提高工作效率。

（5）标尺：显示绘图区域尺寸，可由标尺拖出辅助线。

（6）绘图页面：指绘图窗口中带矩形边沿的区域，只有此区域内的图形才可被打印出来。

（7）页面控制栏，可以用于创建新页面并查看 Coreldraw X4 文档各页面的内容。

（8）状态栏：显示光标位置、对象属性、对象填充以及轮廓、颜色等信息。

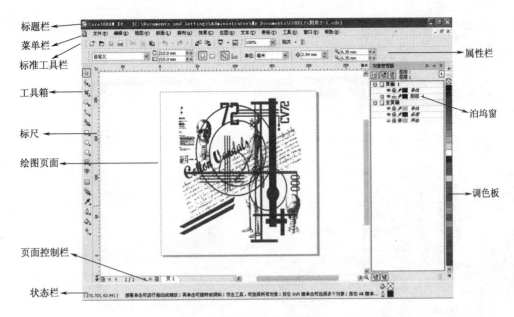

图1-2　工作界面

（9）属性栏：属性栏中包含了与当前所用工具或所选对象相关的属性设置，这些设置随着所用工具和所选对象不同而变化。

（10）泊坞窗口，这是Coreldraw中最具特色的窗口，因它可放在绘图窗口边缘而得名。它提供了许多常用的功能，使用户在创作时更加得心应手。

（11）屏幕色盘：在色块上单击可以设置填充的颜色，右击则可设置轮廓颜色。

3. 新建和打开文件

在使用Coreldraw X4进行设计时，首先要创建或打开一个文件。下面讲述几种新建文件和打开文件的方法。

（1）新建文件。

①启动完成后会弹出"欢迎使用"对话框，单击【新建空文件】，建立一个新的文件。执行以上操作后会产生一个名为"图形1"的新文件，即在绘图窗口内出现一个纵向的A4页面。

②利用Coreldraw X4菜单中【文件】菜单下的【新建】（快捷键为【Ctrl】+【N】），如图1-3所示。

③点击"标准工具"栏新建文件按钮 。

（2）打开文件。

①在"欢迎使用"对话框中，单击打开上次编辑的文件图标，可以打开前一次编辑过的文件；单击打开图形图标，弹出如图1-4所示的对话框，可以从中选择要打开的图形文件。

②利用Coreldraw X4菜单中【打开】（快捷键为【Ctrl】+【O】）命令打开文件。

③点击"标准工具"栏中打开文件按钮 ，弹出"打开绘图"对话框，可以从中选择要打开的图形文件。如 /program/corel/Graphics11/Draw/Samples 文件夹，然后选择

Sample2 文件，在对话框右侧可以看到所选文件的预览图，完成后单击【打开】按钮，如图 1–5 所示。

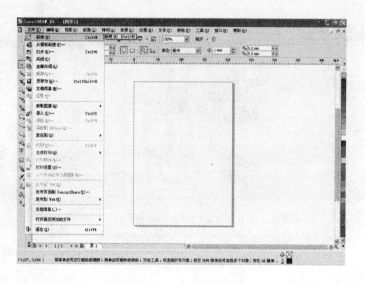

图1-3　新建文件

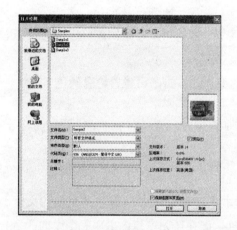

图1-4　打开绘图

图1-5　打开文件

4. 页面基本设置

页面管理在 Coreldraw 中也是一项基础性工作，在实际的设计过程中，经常要根据具体情况的需要，设置不同的页面格式。以下介绍如何在 Coreldraw 中增加、删除、重命名页面以及设置页面等。

在 Coreldraw X4 的绘图工作中，常常需要在同一文档中添加多个空白页面、删除某些无用页面或对某些特定的页面进行命名。

（1）插入页面。

要在当前打开的文档中插入页面，其操作步骤如下：

①选择【版面】—【插入页】命令，打开如图 1–6 所示的"插入页面"对话框。

②在"插入页面"参数框中设置插入页面的数量，并通过选择"前面"或"后面"单选按钮决定插入页面的位置(放置在设定页面的前面或后面)。

③通过选择"纵向"或"横向"单选按钮，可设置插入页面的放置方式。

④单击"纸张"下拉式列表按钮，从打开的下拉式列表中可以选择插入页面的纸张类型。如需要自定义插入页面的大小，可在"宽度"和"高度"文本框中输入数值。

⑤设置完毕后单击【确定】按钮，即可在文档中插入页面。

在"页面指示区"中的某一页面标签上单击鼠标右键，在显示的快捷菜单中选择适当选项，用户也可插入、删除、重命名页面或切换页面方向，如图1-7所示。同时，单击页面指示区上的"+"也可以增加一个新的页面。

（2）删除页面。

图1-6 插入页面

图1-7 页面指示区快捷菜单

要删除页面,可选择【版面】—【删除页面】菜单命令,此时将打开"删除页面"对话框。用户可以在"删除页面"参数框中设置要删除的某一页,也可以选中"通到页面"复选框来删除这一范围内(包括所设页面)的所有页。

（3）重命名页面。

当一个文档中包含多个页面时，对个别页面分别设定具有识别功能的名称，可以方便对它们进行管理。

要设定页面名称，应首先选定要命名的页面，然后选择【版面】—【重命名页面】菜单命令，此时系统将打开"重命名页面"对话框。在"页名"文本框中输入名称并单击【确定】按钮，则设定的页面名称将会显示在页面指示区中。

5.保存和关闭文件

Coreldraw 储存文件的方法为：

（1）单击文件菜单下的【保存】（快捷键为【Ctrl】+【S】）或【另存为】命令来保存或更名保存文件。如果是第一次保存文件,将弹出如图1-8所示的对话框。

图1-8 保存文件

图1-9 保存更改

询问是否保存文件。

6. 使用菜单和工具栏

Coreldraw 是一个由各种菜单组成的大程序，有 12 个菜单，包括了 Coreldraw 的所有命令和选项。

Coreldraw X4 中文版的菜单栏包含"文件"、"编辑"、"视图"、"版面"、"排列"、"效果"、"位图"、"文本"、"表格"、"工具"、"窗口"和"帮助"12 大类，如图 1-10 所示。

文件(F) 编辑(E) 视图(V) 版面(L) 排列(A) 效果(C) 位图(B) 文本(T) 表格(T) 工具(O) 窗口(W) 帮助(H)

图1-10 菜单栏

单击每一类的按钮都将弹出其下拉菜单。如单击【编辑】菜单，将弹出如图 1-11 所示的编辑下拉菜单。其中左边的菜单名便于用户使用。右边显示的组合键则为操作快捷键，便于用户提高工作效率。某些命令后带有箭头标志，则表明该命令还有下一级菜单，将鼠标停放其上即可弹出下拉菜单。此外，编辑下拉菜单中的有些命令呈灰色状，表示该命令当前还不可使用，但须进行一些相关的操作后方可用。

在菜单栏的下方通常是工具栏，但实际上，它摆放的位置可由用户决定。

Coreldraw X4 中文版的标准工具栏如图 1-12 所示。这里存放了几种最常用的工具按钮，如"新建"、"打开"、"保存"、"打印"、"剪切"、"复制"、"粘贴"、"撤销"、"恢复"、"导入"、"导出"、"缩放级别"、"应用程序启动器"、"Corel 在线"、"帮助"等。

图1-11 编辑下拉式菜单 它们可以使用户便捷地完成以上这些最基本的操作动作。

在对话框中，可以设置文件名称、文件类型和版本等保存选项。

（2）单击 Coreldraw X4 标准工具栏中的保存按钮来存储文件。

（3）执行菜单栏中的【文件】—【关闭】命令，退出Coreldraw。此时，如果文件未存储，将弹出如图 1-9 的警示框，

图1-12 标准工具栏

此外，Coreldraw X4 还提供了其他一些工具栏，我们可以在"自定义选项"对话框中选择它们。单击窗口按钮，选择工具栏命令下的其他工具栏，弹出如图 1-13 所示的"自定义选项"对话框，然后选取所要显示的工具栏，单击【确定】按钮即可。如选取属性栏，

则可显示属性工具栏，如图 1–14 所示。图 1–15 所示为状态栏。

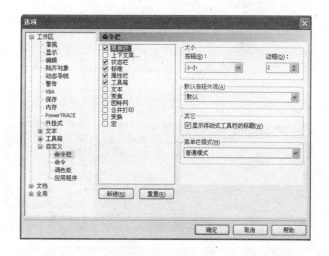

图1–13　自定义选项

图1–14　属性栏

图1–15　状态栏

7. 使用工具箱和泊坞窗

Coreldraw X4 的工具箱中放置着在绘制图形时最常用到的一些工具，这些工具是每一个软件使用者必须掌握的。图 1–16 所示为 Coreldraw X4 的工具箱。

图1–16　工具箱

在工具箱中，依次分类排放着"挑选工具"、"形状工具"、"裁剪工具"、"缩放工具"、"手绘工具"、"智能填充工具"、"矩形工具"、"椭圆形工具"、"多边形工具"、"基本形状工具"、"文本工具"、"表格工具"、"交互式调和工具"、"滴管工具"、"轮廓工具"、"填充工具" 和 "交互式填充工具" 等几大类。其中，有些带有小三角标记的工具按钮，表明它还有展开工具栏，用鼠标按住它即可展开。例如，按住"填充工具"，将呈现展开栏，我们可将其拖出来，使之变成固定工具栏。

Coreldraw X4 的泊坞窗口，是一个十分有特色的窗口，当我们打开这一窗口时，它会停靠在绘图窗口的边缘，因此被称为"泊坞窗"，如图 1–17 所示。

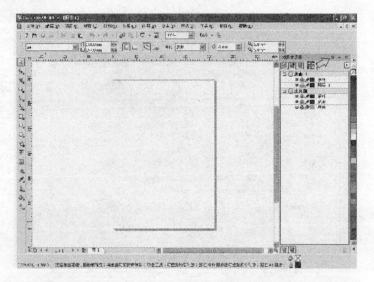

（a）泊坞窗

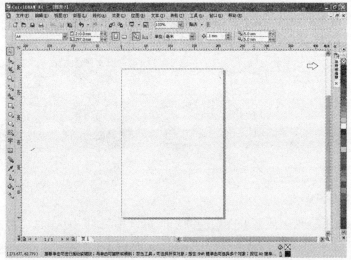

（b）泊坞窗隐藏

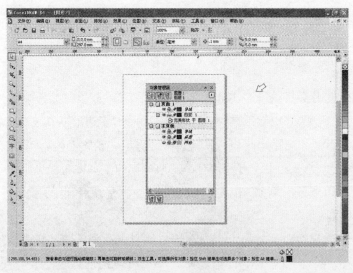

（c）泊坞窗移动

图1-17　泊坞窗

可将泊坞窗拖出来放在任意的位置，并可通过单击窗口右上角的箭头按钮将窗口卷起或放下。因此，泊坞窗又被称为"卷帘工具"。

8.绘图页面显示模式的设置

在用 Coreldraw X4 进行图形绘制的过程中，可以随时改变绘图页面的显示模式以及显示比例，以便于我们更加细致地观察所绘图形的整体或局部。

（1）设置视图的显示方式。

在 Coreldraw X4 菜单栏中查看菜单下有 6 种视图显示方式：简单线框显示、线框显示、草稿显示、普通显示、增强显示、使用叠印增强显示。每种显示方式对应的屏幕显示效果都不相同（图 1-18）。

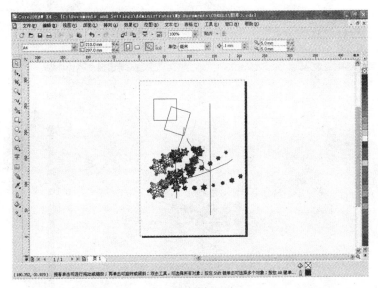

（a）简单线框显示

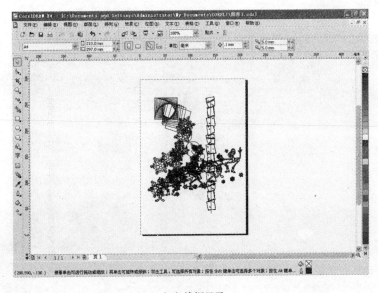

（b）线框显示

图1-18

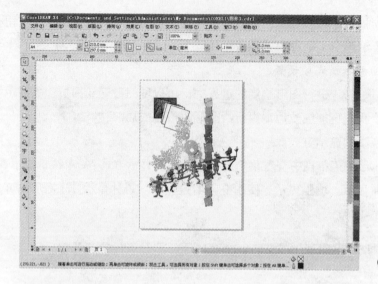

（c）草稿显示

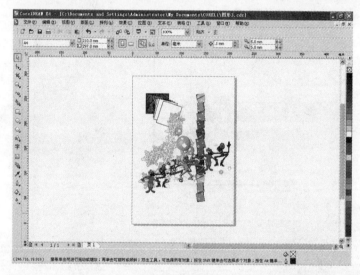

（d）普通显示

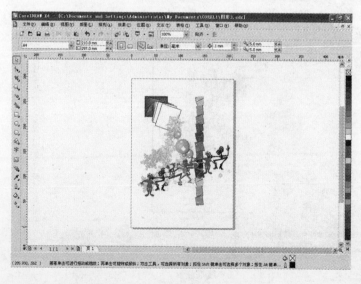

（e）增强显示

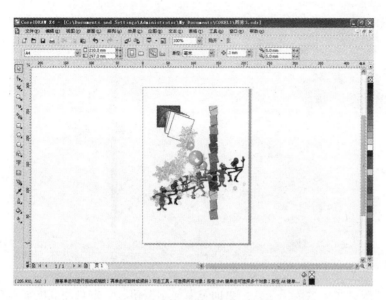

（f）使用叠印增强显示

图1-18 视图的显示方式

简单线框模式只显示图形最基本的框架，不显示填充内容，位图则以灰色点阵取代，对于立体化对象组、混合对象组等，仅显示控制对象。

线框模式只显示对象的基本框架，位图也以灰色点阵图显示，视图中的轮廓图、艺术笔触、阴影等会显示其轮廓，显示速度快。

草稿模式可以显示标准的填充和低分辨率的视图。同时在此模式中，利用特定的样式来表明所填充的内容。如平行线表明是位图填充，双向箭头表明是全色填充，棋盘网格表明是双色填充，"PS"字样表明是 Postscript 填充。

普通模式可以显示除 Postscript 填充外的所有填充以及高分辨率的位图图像。它是最常用的显示模式，它既能保证图形的显示质量，又不影响计算机显示和刷新图形的速度。

增强模式可以显示最好的图形质量，它在屏幕上提供了最接近实际的图形显示效果。

使用叠印增强模式是 CoreldrawX4 在原来增强视图之上又加一个叠印预览，这一功能可以非常方便、直观地预览套印效果。

（2）设置预览显示方式。

菜单栏的查看菜单下还有 3 种预览显示方式：全屏预览、全屏预览对象和页面分类视图。全屏预览显示可以将绘制的图形整屏显示在屏幕上；而全屏预览对象只整屏显示所选定的对象；页面分类视图则可将多个页面同时显示出来，如图 1-19 所示。

（3）设置显示比例。

在图形绘制过程中，我们可以利用手绘工具或绘图窗口右侧和下侧的滚动条来移动视窗，可以利用缩放工具库及其属性栏处缩放工具命令来改变视窗的显示比例。在缩放工具属性栏中，依次为"缩放级别列表"、"放大按钮"、"缩小按钮"、"缩放选定对象按钮"、"缩

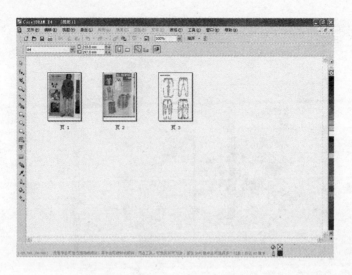

图1-19 页面分类视图

放全部对象按钮"、"按页面显示按钮"、"按页面宽度显示按钮"、"按页面高度显示按钮"。

（4）利用视图管理器显示页面。

选择工具菜单中的视图管理器命令或者窗口菜单中卷帘工具下的视图管理器命令，均可打开视图管理器泊坞窗。利用泊坞窗，可以保存指定的任何视图显示效果，当以后再次需要显示这一画面时，直接在视图管理器泊坞窗中选择，无需再次重新操作，如图1-20所示。

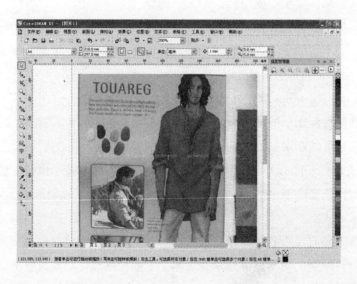

图1-20 视图管理器

为使用视图管理器进行页面显示。在视图管理器泊坞窗中，⊕按钮用于增加当前查看视图，⊖按钮用于删除当前查看视图。

9. 使用辅助设置

在Coreldraw中，可以借助标尺、网格、导线等进行辅助绘图，而打印时也不会将其打印出来。

（1）使用【标尺】。

通过选择【查看】—【标尺】菜单命令，可以在绘图窗口中打开或关闭【标尺】。如果需要移动【标尺】，可在按下【Shift】键的同时单击并拖动【标尺】，将其移至合适的位置上，然后松开鼠标即可，如图1-21所示。

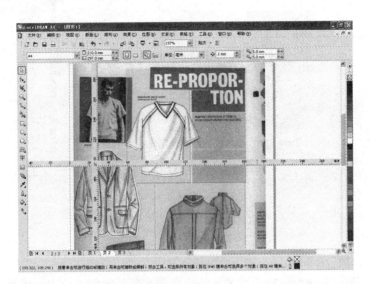

图1-21　标尺

如要改变原点的位置，只需将鼠标移至水平标尺和垂直标尺左上角相交处的坐标原点单击并拖动。松开鼠标后，该处即成为新的坐标原点。使用鼠标双击坐标原点，可以将变化过的坐标原点恢复至系统默认的位置。

（2）使用网格。

网格是由一连串的水平和垂直点所组成，经常被用来协助绘制和排列对象，但在系统默认的情况下，【网格】是不会显示在窗口中的，只有通过选择【查看】—【网格】菜单命令，才可以打开或关闭工作视窗上的【网格】。

如果希望在绘图时对齐【网格】，可打开查看菜单中的"对齐网格"命令。此后当光标移至网格格点附近时，系统会自动按格点对齐。

（3）使用辅助线。

在绘图窗口内添加辅助线之后，还可以对其进行调整，包括移动、旋转、删除辅助线等。这些辅助线在打印时不会被打印出来，但在保存时，会随着绘制的图形一起保存。

选择【查看】—【辅助线】菜单命令，使该选项前面显示"√"，然后将鼠标移至标尺上单击并向绘图窗口拖动，即可产生导线，如图1-22所示。建立辅助线的前提是必须先显示标尺。

有关辅助线的常用操作方式如下。

①如要移动辅助线，可先将光标移到要移动的导线上（此时鼠标变为横向箭头形状），然后单击并拖动。

②如要旋转辅助线，只需单击两次要旋转的导线，此时在导线的两端将显示旋转箭头符号。将光标移至该符号上面，然后单击并拖动即可旋转导线。

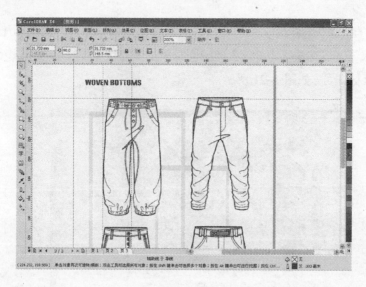

图1-22 辅助线

③如果要删除辅助线，只需单击选中导线（此时该导线的颜色变为红色），然后按【Delete】键即可。

10. 位图与矢量图

在计算机中，图像大致可以分为两种：位图图像和矢量图像。位图图像是由许多点组成的，这些点称为像素。而许许多多不同色彩的像素组合在一起便构成了一幅图像。由于位图采取了点阵的方式，使每个像素都能够记录图像的色彩信息，因而可以精确地表现色彩丰富的图像，但图像的色彩越丰富，图像的像素就越多（即分辨率越高），文件也就越大，因此处理位图图像时，对计算机硬盘和内存的要求也较高。同时，由于位图本身的特点，图像在缩放和旋转变形时会产生失真的现象。

当放大位图时，可以看见构成图像的各个图片元素（一个个小方格）。扩大点阵图尺寸就是增大各个像素，会使线条和形状显得参差不齐。但是如果从稍远一点的位置去看，点阵图图像的颜色和形状又是连续的，这就是位图的特点。一张100%显示的位图图像，放大到400%后，图像就会出现失真现象，如图1-23所示。

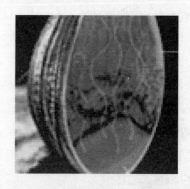

（a）100%显示的位图效果　　　　　　　　（b）400%显示的位图效果（局部）

图1-23 位图

矢量图形也称向量图像，可由诸如 Illustrator、Coreldraw 等矢量图形软件生成，它是由一些用数学方式描述的曲线组成，其基本组成单元是锚点和路径。它是以数学的矢量方式来记录图像内容的。矢量图像中的图形元素称为对象，每个对象都是独立的，具有各自的属性（如颜色，形状、轮廓、大小和位置等）。矢量图像不仅有缩放不失真的优点，而且占用空间较小，图形显示清晰。矢量图形与分辨率无关。这意味着矢量图可以被任意放大或缩小，而不会出现失真现象，但这种图像的缺点是不易制作色调丰富的图像，而且绘制出来的图形无法像位图那样精确地描绘各种绚丽的色彩，如图 1-24 所示。

（a）100%显示的矢量图效果　　　（b）400%显示的矢量图效果（局部）

图1-24　矢量图

这两种类型的图像各具特色，也各有优缺点，并且两者之间具有良好的互补性，因此，在图像处理和绘制图形的过程中，将这两种图像交互使用，取长补短，定能使创作出来的作品更加完美。

三、Coreldraw的基本绘图工具和图形编辑

1. Coreldraw工具箱

Coreldraw 的工具箱及其相应的子工具箱如图 1-25 所示。下面介绍其工具的用法。

（1）挑选工具。

挑选工具用来选择对象，可以点选，也可以通过拖动出一个选择框来选择多个对象。对于点选，使用【shift】+ 左击鼠标，选择多个对象：对于拖动选择框，通常情况下，只有选择框完全包围了目标对象或目标对象群的时候才能完成选择，但是可以通过按住【Alt】键使得被选择框接触到的对象被选中。对于群组对象，使用【Ctrl】键 + 左击鼠标，可以点选组中的某个对象。

选择工具双击需要倾斜或旋转处理的对象，进入旋转 / 倾斜编辑模式，此时对象周围的控制点变成了旋转控制箭头和倾斜控制箭头。

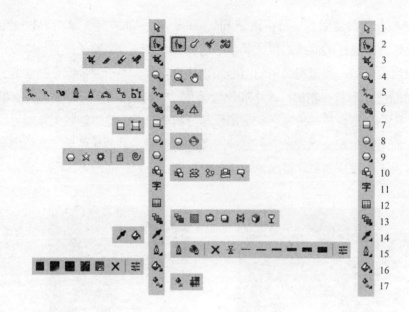

图1-25　工具箱

（2）形状工具 。

形状工具用于选择编辑对象，从左到右分别介绍如下。

①形状工具 ：是最为常用的曲线路径编辑工具，并可调整文本的字、行间距。

②涂抹笔刷工具 ：只能用于曲线对象。

③粗糙笔刷工具 ：可单击并拖动可在对象上应用粗糙效果。

④变换工具 ：可造成令人着迷的自由变形，包括旋转，镜像等。

（3）裁剪工具 。

裁剪工具，从左到右分别介绍如下。

①裁剪工具 ：可以裁切矢量图形、位图以及文本。

②刻刀工具 ：可把一个对象按照所画曲线切割开。

③擦除工具 ：可擦除对象的某些部分。

④虚拟段删除工具 :不仅可以删除轮廓线，还可以删除两个或多个对象的相交路径。

（4）缩放工具 。

缩放工具用于缩放观察（放大镜）和移动视图放大。

还有另外几种移动视图的方式：

①【Alt】+方向箭头。

②用手形工具 +拖动鼠标。

③使用视图移动工具，就是在工作区右下角两个滚动条交汇的地力，在界右底边按住那个小方块移动鼠标。

（5）曲线工具 。

曲线工具是矢量作图软件最基本的创作工具，从左到右分别介绍如下。

①手绘工具 ：可以绘制出直线、斜线以及曲线。

②贝塞尔曲线工具 ：是一个用途广泛且最为常用的重要曲线绘制工具。使用贝塞尔工具可以比较精确绘制直线、曲线以及较为复杂精细的曲线图形，其绘制的曲线都是由路径组成，路径由节点和线段组成，曲线弧度可以通过控制手柄和控制点进行调整。

③艺术笔工具 ：通过这些笔触工具，可以绘制出程序中预设的图形，还可以模拟绘制书法笔、画笔等特殊效果。

④钢笔工具 ：可以绘制各种直线、曲线、折线和复杂图形。

⑤多点线工具 ：单击并拖动可创建多点直线。

⑥三点曲线工具 ：通过定位起点、结束点以及抛物线顶点来绘制所需的曲线。

⑦智能连接工具 ：可以非常方便地使用折线来连接对象的工具。

⑧量度工具 ：可以自动度量对象，进行水平、垂直、斜向等尺寸标注。

（6）智能绘图工具 。

当我们进行各种规划，绘制流程图、原理图等图时，一般要求是准确而快速。智能绘图工具能自动识别许多形状，包括圆形、矩形、梯形、菱形、箭头等，还能自动平滑和修饰曲线，快速规整和完美图像。智能绘图工具有一个优点是节约时间，它能对自由手绘的线条重新组织优化，使设计作品更易建立完美形状。

选择智能绘图工具，可以在属性栏上调整选项。形状识别级别、智能平滑级别两个选项都分无、最低、低、中、高、最高6个级别。

（7）矩形工具 。

矩形工具是用来绘制矩形的工具，从左到右分别是：矩形工具、三点矩形工具。

矩形工具是绘制矢量图形过程中最常用的工具，使用矩形工具可以绘制基本几何图形、圆角矩形、任意倾斜角度的矩形。按着【Shift】键拖动鼠标，所画的图形将会以起始点为中心。按着【Ctrl】键拖动鼠标，可以画出正方形。

使用矩形工具绘制矩形或正方形后，在属性栏中则显示出该图形对象的属性参数，通过改变属性栏中的相关参数设置，可以精确地创建矩形或正方形。如图1-26所示。

图1-26 矩形工具的属性栏

在属性栏中：在 x:93.298 mm / y:216.375 mm 框中可以设置或更改该矩形或正方形中心点位置的坐标值；

在 58.981 mm / 32.767 mm 框中可以设置或更改该矩形或正方形的长、宽尺寸值；

在 100.0 % / 100.0 框中可以设置或更改该矩形或正方形的长、宽比例值；

在 .0 框中可以设置或更改该矩形或正方形的旋转角度值；

在 .2 mm 下拉选项框中，可以设置或更改该矩形或正方形边线线条的宽度。

当使用矩形工具在页面上绘制一个矩形的时候，可以看到在矩形的四个角上各有一个节点。使用形状工具拖动其中任意一个节点，可以改变矩形边角的圆滑程度，产生圆角。

通过设置矩形工具属性栏上 框中的圆角度数，可以直接得到精确角度的圆角矩形。四组选项栏分别控制矩形的四个角的圆滑程度，当右上角的锁形按钮呈"闭锁"状态时，改变一角的参数时，其他三组同时改变；当右上角的锁形按钮呈"开锁"状态时，改变矩形的某一角的圆滑程度，而其他三角的圆滑程度不变。

（8）椭圆形工具。

椭圆形工具是一个常用的绘图工具，可以绘制椭圆形、饼形、弧线、正圆形以及任意斜角度的椭圆形，椭圆形工具组内有椭圆形工具和三点椭圆形工具两个绘图工具。

按着【Shift】键拖动鼠标，所画的图形将会以起始点为中心（缺省是一个角）；按着【Ctrl】键拖动鼠标，可以画出正圆形。

使用椭圆工具可以绘制出椭圆、饼形和圆弧。在选中椭圆工具后，使用属性栏中的（椭圆）、（饼形）或（圆弧）选项，可以比较精确地绘制和修改图形的外观属性，如图 1-27 所示。椭圆工具属性栏中的设置方法同矩形工具属性栏的设置相似。

图1-27　椭圆工具的属性栏

在栏中切换不同的按钮，可以绘制出椭圆形、圆形、饼形或圆弧。在框中设置饼形或圆弧的起止角度，可以得到不同的饼形或圆弧。

（9）多边形工具。

多边形工具是 Coreldraw 常用绘图工具之一，使用工具箱中的多边形工具、星形工具、复杂星形工具、图纸工具、螺纹工具，可以轻松绘制多边形和星形，是制作时尚流行元素图形的常用工具。

①多边形工具：使用多边形工具可以绘制出五边形、六边形、N 边形。选中多边形工具后，在属性栏中的栏中设置和更改多边形的边数，可以得到不同的多边形。星形工具、复杂星形工具操作与多边形工具设置基本相同。

②图纸工具：主要用于快速建立 n×m 单元格的绘制网格工具，在绘制曲线图或其他对象时辅助用户精确排列对象。可在图纸工具属性栏中的框中设置纵、横方向的网格数。

③螺旋线工具：螺旋线是一种特殊的曲线。利用螺旋线工具可以绘制两种螺旋线：对称螺旋线和对数螺旋线。可在螺旋线工具属性栏的栏中设置螺旋线的圈数值。在栏中选定所需绘制的螺旋线类型为对称螺旋线；如果选中对数螺旋线，还需在栏中设置螺旋扩张的速度值，如图 1-28 所示。

图1-28 螺旋线工具的属性栏

注意：对称螺旋是对数螺旋的一种特例，当对数螺旋的扩张速度为1时，就变成了对称螺旋（即螺旋线的间距相等）。螺旋的扩张速度越大，相同半径内的螺旋圈数就会越少。

（10）基本形状图工具 🔲 🔳 🔶 🔷 🔲。

为了使用户在短时间内创建复杂的图形对象，Coreldraw新增加了一组工具——基本形状图工具。在这组工具的图库中预存了许多有用的、现成的图形对象，如箭头、星形、插图框及流程图框等，用户只需选择相应的图形对象后在绘图页面中拖动鼠标即可。基本形状图工具中从左到右分别是：基本形状图工具🔲、箭头形状图工具🔳、流程图形状图工具🔶、标题形状图工具🔷、标注形状图工具🔲。

在属性栏中单击图形库 🔲 按钮，即弹出该图库中的各种形状造型供用户选择，如图1-29所示。

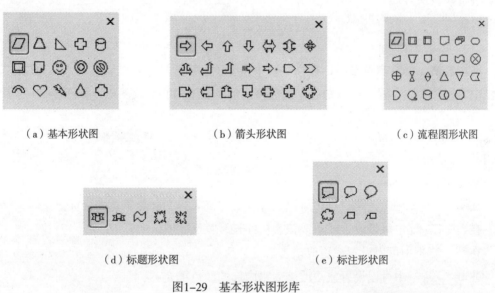

（a）基本形状图   （b）箭头形状图   （c）流程图形状图

（d）标题形状图   （e）标注形状图

图1-29 基本形状图形库

（11）文本工具 字。

文本是CoreldrawX4中具有特殊属性的图形对象。在CoreldrawX4有两种文本模式：艺术体文本和段落文本。艺术体文本是指单个的文字对象。由于它是作为一个单独的图形对象来使用的，因此可以使用各种处理图形的方法对它们进行编辑处理。段落文本是建立在艺术体文本模式的基础上的大块区域的文本，对段落文本可以使CoreldrawX4具备的编辑排版功能来进行处理。

使用键盘输入文字是最常见的操作之一。在输入文本时，就可以方便地设置文本的属性。

艺术体文本的输入：在工具箱中，选中文本工具字，然后在绘图页面中适当的位置单击鼠标，就会出现闪动的插入光标，此时即可直接输入艺术体文本。

段落文本的输入：在工具箱中选定文本工具字后，在绘图页面中适当位置按住鼠标左键后拖动，就会出现一个虚线矩形框，此时即可在虚线框中直接输入文本。

技巧：在段落文本的输入中，按【Enter】键输入硬回车，按【Shift+Enter】键可插入软回车。

对于在其他的文字处理软件中已经编辑好的文本，只需要将其复制到 Windows 的剪贴板中，然后 CoreldrawX4 绘图页面中插入光标或段落文本框，按下【Ctrl】+【V】(粘贴)即可复制文本。

CoreldrawX4 还提供了一个将艺术体文本转换为曲线的功能命令——【转换为曲线】命令。当艺术体文本转换成曲线后，用户就可以任意改变艺术字的形状，真正达到随心所欲的效果。这样做还有一个好处就是，即使在其他的计算机上没有安装你所使用的艺术字体，也能显示出来，因为它已经变成了曲线图形了。

注意：艺术字转换成曲线后将不再具有任何文本属性，与一般的曲线图形一样，而且不能再将其转换为艺术字。所以在使用该命令改变字体形状之前，一定要先设置好所有的文本属性。

（12）表格工具圃。

使用表格工具绘制表格后，在属性栏中则显示出该图形对象的属性参数，通过改变属性栏中的相关参数设置，可以精确创建表格图形及表格内文字及图形，如图 1-30 所示。

图1-30　表格工具属性栏

在属性栏中，在 x:88.617 mm y:230.417 mm 框中可以设置或更改该表格中心点位置的坐标值；

在 128.259 mm 24.341 mm 框中可以设置或更改该表格的长、宽尺寸值；

在 3 4 框中可以设置或更改该表格行、列数；

在 填充 框中可以设置或更改该表格内部的颜色填充；

在 边框 .2 mm 下拉选项框中，可以设置或更改该表格边线线框、线条宽度及边框颜色的设置。

（13）交互式调和工具。

交互式调和工具是 CoreldrawX4 特效工具。从左到右分别是：交互式调和工具、交互式轮廓图工具、交互式变形工具、交互式阴影工具、封套工具、交互式立体化工具、交互式透明工具。

①交互式调和工具：是指两个或两个以上物件间的渐变调和的过程，包括形和色的调和及渐变，如图 1-31 所示。

图1-31 交互式调和工具的属性栏

直接调和是创建从一个对象到另一个对象的形状和大小的平滑渐变过程；

沿路径调和可以使图形对象沿着曲线路径产生调和效果；

复合调和是将两个以上图形对象相互链接构成调和组，方法与直线调和类似；

单击混合调和选项按钮，在弹出的对话框中选择对应节点选项，可以指定起始对象的某一节点与终止对象的某一节点相对应，不同的节点相对应，会产生不同的调和效果。

②交互式轮廓图工具：可在图形对象的内部或外部创建同心轮廓线，运用"交互式轮廓图工具"属性栏的相关选项，即可以更改轮廓线与轮廓本身之间所填充的颜色，还可以在轮廓图效果中沿直线、顺时针路径设置颜色渐变。

轮廓效果与调和效果相似，也是通过过渡对象来创建轮廓渐变的效果，但轮廓效果只能作用于单个的对象，而不能应用于两个或多个对象。

设置交互式轮廓图工具属性栏（图1-32）中的相关选项，可以为对象添加更多的轮廓效果。

图1-32 交互式轮廓图工具属性栏

与其他效果工具的属性栏一样，在交互式轮廓图工具属性栏的前面，也提供了一个样式列表栏，在该列选栏中有许多预置的轮廓样式，并可自定义样式于列表中。单击中心、内侧、外侧按钮，可以向选定对象的中心、轮廓内侧或轮廓外侧添加轮廓线。

③交互式变形工具：可以在属性栏中选择应用"推拉变形"、"拉链变形"、"扭曲变形"三种变形类型。为图形对象创建特殊变形效果，其属性栏会随着不同类型而变化，如图1-33所示。

图1-33 交互式变形工具属性栏

④交互式阴影工具：可以为图形对象、群组图形对象、文本、位图等添加交互式阴影效果。CoreldrawX4提供了平面、右、左、下、上五个不同透视点，可以使对象产生不同的阴影效果。交互式阴影工具属性栏如图1-34所示。

图1-34 交互式阴影工具属性栏

在阴影偏移量 框中，可以显示或设置阴影效果相对于选定对象的坐标值。

用鼠标将阴影控制线中的白色方块拖到对象外，此时阴影角度 功能为可用，在此滑轨框中会显示阴影的角度，输入数值或拖动滑块，可以改变阴影效果的角度。

在阴影不透明度 滑轨框中输入数值或拖动滑块，可以设置阴影的不透明度。

在阴影羽化效果 滑轨框中输入数值或拖动滑块，可以设置阴影的羽化效果，数值越大，羽化效果越明显。

单击阴影羽化方向 按钮，可以在弹出的对话框中选择阴影的羽化方向为中间、在外或平均。

当阴影羽化方向选定为除"平均"以外的其他三项时，阴影羽化边缘 按钮为可用，单击该按钮，可以在弹出的对话框中选择阴影羽化边缘的类型为直线形、正方形、反转方形或平面形。

在阴影淡化/伸展滑轨 框中，通过左边的滑轨框设置阴影的淡化；使用右边的滑轨框设置阴影的伸展。单击阴影颜色 按钮，可以在弹出的列选栏中设置阴影的颜色。

⑤封套工具 ：可以为图形对象、文本创建封套造型。封套由多个节点组成，可以移动、添加、删除这些节点为封套造型，从而改变对象的形状。

通过对交互式封套工具属性栏（图1–35）中的选项设置，可以得到更多的封套效果。

图1–35　交互式封套工具属性栏

在 列选栏中可以应用或添加系统预置的封套样式，同编辑曲线一样，用户可以通过对属性栏中的相应选项及鼠标，对封套控制框上面的节点进行增加、删除、移动及改变节点属性等操作。

⑥交互式立体化工具 ：可以创建立体模型，再通过投射对象上的点将它们连接起来，可使二维图形对象具有三维效果，如图1–36所示为交互式立体化工具属性栏。

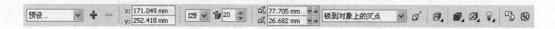

图1–36　交互式立体化工具属性栏

⑦交互式透明工具 ：通过改变对象填充颜色的透明程度来创建独特的视觉效果。使用交互式透明工具，可以方便地为图案及材质填充均匀、渐变等透明效果。如图1–37所示。

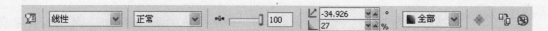

图1–37　交互式透明工具属性栏

渐变透明度对话框中，类型分为直线性、放射状、圆锥形及正方形等四个渐变类型。在图案渐变的类型中分为双色、全色或位图三种透明类型。

（14）滴管工具 。

滴管工具与颜料桶工具关系密切，经常相互配合使用。使用滴管工具可以快速吸取所需对象的属性，如填充、轮廓色等，然后运用颜料桶工具将吸取的对象属性复制到另一个对象中。

（15）轮廓笔工具 。

轮廓笔工具 用于创建及编辑轮廓，如图1-38所示。轮廓线颜色对话框 用于设置轮廓线颜色：无轮廓线相当于将轮廓线设置为透明色，其后的7个按钮分别代表轮廓线预置的宽度值。色彩泊坞窗 按钮用于调出色彩，调节色彩滑块自定义颜色，如图1-38所示。

（16）填充工具 。

填充工具是最为常用的颜色填充工具，包括均匀填充对话框 、渐变填充对话框 、图样填充对话框 、材料填充对话框 、PostScript填充对话框 、无填充、颜色泊坞窗。

①色彩填充对话框 （均匀填充）对话框。如图1-39所示。

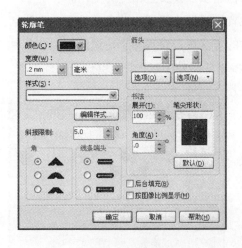

图1-38　"轮廓笔"对话框

图1-39　"均匀填充"对话框

"色彩填充"对话框提供了模型、混合器和调色板三种颜色设置，使用方法与色彩泊坞窗类似。一般情况下，CMYK是默认的色彩模式。单击选项按钮，在其弹出的列选框中选择不同的命令设置颜色数值、颜色交换、颜色范围警告及颜色视图方式等选项。

②渐变填充 又称为倾斜度填充，能将对象凹凸的表面、变化的光影及立体的效果通过颜色的变化表现出来。通过使用填充工具可以为对象做渐变效果的填充。渐变填充对话框如图1-40所示。

在对话框的类型列选框中可以选直线性、放射状、圆锥形及正方形渐变类型。在中心点偏移量增量选项框中设置渐变中心点水平及垂直偏移的位置（直线性的渐变除外）。

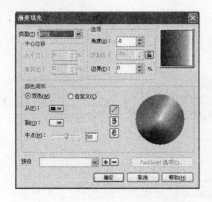

图1-40 "渐变填充"对话框

在选项增量选项框中根据不同的渐变类型设置光源角度、渐变级数和边缘锐度值。

在颜色混合选项框中通过选择双色或定制，设置渐变填充时颜色的混合方式是双色，还是由用户自定义的多种颜色。

在起始和终止列选框中选择作为渐变填充的起始颜色（系统默认为黑色）和终止颜色（系统默认为白色）；调节中央点滑块可以改变起始颜色与终止颜色在渐变中所在的成分比例。在对话框右上角的预览框中可以看到调节后的效果。

在圆形颜色循环图的左边，有三个纵向排列的按钮：单击 ⬜ 按钮，可以在圆形颜色循环图中按直线方向混合起始及终止颜色；单击 ⬜ 按钮，可以在圆形颜色循环图中按逆时针的弧线方向混合起始及终止颜色；单击 ⬜ 按钮，可以在圆形颜色循环图中按顺时针的弧线方向混合起始及终止颜色。

如果选择定制，则渐变填充对话框中的颜色混合选项框会发生相应的变化。

自定义渐变填充颜色的方法很简单，只需在位置增量框中设置当前色的位置，在当前的颜色显示框右边的调色盘中选择当前色，用同样的方法可以设置多个位置的颜色，各种颜色之间自动生成渐变过渡色。用鼠标在渐变预览框上的滑轨中双击.也可设置当前位置，并可拖动滑块改变颜色的位置。

自定义完渐变填充颜色后，可在预置列选框中为新的填充命名，然后单击【+】按钮，即可将定制的渐变填充存储起来。单击预置列选框右边的向下箭头.就可以看到定制的渐变填充与系统预置的其他渐变填充在一起。使用时，选定其一即可。

③图案及材质填充 ⬛ 是使用重复图案为对象进行填充。单击填充工具 ⬛ 级联菜单中的"图样填充"对话框按钮 ⬛，即可弹出"图样填充"对话框。如图 1-41 所示。

单击工具箱中的"图案及材质填充"按钮，可以将 Coreldraw 提供的预设图形直接应用于对象，也可以使用"双色"、"全色"或"位图"等填充形式以平铺方式填充到图形对象中。

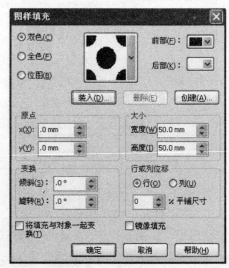

图1-41 "图样填充"对话框

在对话框中还有若干个选项,供用户对填充图案进行编辑。原点选项框中设置 X、Y 值,可以指定绘图页面的起始点,设定图案填充的中心。在尺寸选项框中改变宽度和高度增量框中的值，可以设置平铺图案尺寸的大小。

在变换选项框中改变倾斜和旋转增量框中的角度值，可以填充图案产生倾斜及旋转变化。

在行列偏移选项框中选择行或列选项后，在其下面的增量框中输入相应的百分比值，就可以使填充图案的行、列产生偏移，见图1-42。

图1-42　双色、全色或位图图案填充效果

注意：选中"图案填充"对话框"将填充图案与对象一起变换"复选框时，图案填充与对象连接，即对对象进行变换操作时，其中填充的图案也会自动随之调整；选中"镜像填充"复选框时，填充的图案会镜像排列进行填充。

材质填充█是可以在对象中填充模仿自然界的物体或其他的纹理效果，以赋予图形对象一个自然的外观效果。

单击填充工具█级联菜单中的"材质填充"对话框█按钮，即可弹出"材质填充"对话框。如图1-43所示。

图1-43　"材质填充"对话框

在"底纹填充"对话框中的"底纹库"的下拉列表框内可以选择不同的样本库。"底纹列表"提供了不同的底纹供用户选择使用，在"样式名称"选项中，可以改变底纹的外观。不同的底纹样式，其各个选项也不同。图1-44所示为不同材质填充后的效果。

单击对话框底部的【选项】按钮，在弹出的"底纹选项"对话框中，可设置底纹位图的分辨率和尺寸；单击【平铺】按钮，在弹出的对话框中可设置"原点"、"大小"等选项。

④ Postscript █填充可以在对象中应用Postscript底纹填充，Postscript底纹填充是使用Postscript语言创建的，使用时占用系统资源较多，因此，包含Postscript底纹填充的图

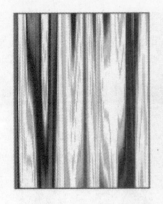  

图1-44　不同的材质填充效果

形对象在打印或屏幕更新时需要较长时间，在应用 Postscript 底纹填充时，填充效果可能不显示，而显示字母"PS"，这取决于使用的视图模式。

Postscript 底纹对话框如图 1-45 所示。

与材质填充一样，该对话框也为用户图供了许多的预置材质样式，而且每一个材质样式都对应一套属性调节选项，选中"预览填充"复选框，可在预览窗口预览填充效果，单击【刷新】按钮，可将属性选项修改后的填充效果显示在预览窗口中。见图 1-46。

（17）交互式填充工具。

使用交互式填充工具，可以轻松对图形对象应用均匀填充、渐变填充、图样填充、底纹进行填充，交互式填充是所有填充工具的集合体。在工具箱中单击"交互式填充工具按钮，即可在绘图页面的上方看到其属性栏，如图 1-47 所示。在属性栏中提供了多种填充方式，其属性栏会根据所选择的填充方式而改变。

图1-45　Postscript "底纹"对话框

图1-46　三种Postscript填充的填充效果

图1-47　交互式填充工具属性栏

在 [线性] 填充类型列选框中，可以选择无填充、均匀填充、直线式渐变填充、放射状渐变填充、圆锥状渐变填充、正方形渐变填充、双色图案填充、全色图案填充、位图图案填充、材质填充或半色调挂网填充。虽然每一个填充类型都对应着自己的属性栏选项，但其操作步骤和设置方法却基本相同。

在交互式填充工具组中，还有一个交互式网状填充工具。使用这一工具填充图形对象时，无需创建交互式调和轮廓图便可使颜色平滑过渡，轻松绘制独特的填充效果，在"交互式网状填充工具"属性栏中可以选择网格的列数和行数。

2. 菜单栏

（1）【文件】菜单。

文件菜单是 Coreldraw 中最常用的，可供打开、保存、导入、输出、打印以及出版到网络等文件操作，如图 1-48 所示。

（2）【编辑】菜单。

【编辑】菜单不仅提供 Windows 软件通用的复制、剪切、粘贴、删除、撤销操作、重复操作等功能，而且能提供诸如复制属性、对象选择、查找与替换、插入因特网对象、插入条形码、在文件中插入其他程序等命令，如图 1-49 所示。

图1-48　【文件】菜单

图1-49　【编辑】菜单

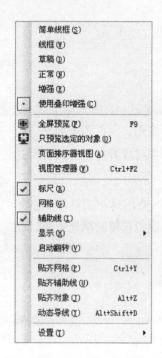

图1-50 【查看】菜单

（3）【查看】菜单。

【查看】菜单掌管屏幕显示活动。菜单中除了允许用户指定界面的保持可视或隐藏的界面之外，还允许用户指定详细精确的控制部件，如图1-50所示。

（4）【版面】菜单。

【版面】菜单用来设置页面大小、页面背景、插入页等，如图1-51所示。

（5）【排列】菜单。

【排列】菜单提供对象的各种排列功能，例如移动、旋转、镜像、对齐、排序、群组、结、锁定对象、解除对象锁定、焊接、修剪、转换为曲线、将轮廓转换为对象、闭合路径等功能，如图1-52所示。

（6）【效果】菜单。

【效果】菜单不仅能提供调整、变换、调和、封套功能，而且能提供精确裁剪、复制效果、克隆效果等功能，如图1-53所示。

图1-51 【版面】菜单

图1-52 【排列】菜单

图1-53 【效果】菜单

（7）【位图】菜单。

Coreldraw虽不是点阵图像处理软件，但【位图】菜单下的功能已经足够用户进行一些简单图片处理，Coreldraw而且还提供了相当精彩的点阵图处理套件，如图1-54所示。

（8）【文本】菜单。

通过使用【文本】菜单，用户可以创建出任何形式的美术字文本或段落文本，如图1-55所示。

图1-54 【位图】菜单 　　　　　　 图1-55 【文本】菜单

（9）【表格】菜单。

【表格】菜单提供一些表格相关操作的命令，包括新建表格、转换文本为表格、插入、选定、删除、平均分布、合并单元格、拆分行、拆分列、拆分单元格、转换表格为文本，如图1-56所示。

（10）【工具】菜单。

【工具】菜单用于提供一些使用捷径，它管理着Coreldraw中绝大部分泊坞窗的显示或隐藏，其中包括对象管理、链接管理、查看管理、书签管理以及色彩、图形样式、脚本管理等，如图1-57所示。

图1-56 【表格】菜单

（11）【窗口】菜单。

【窗口】菜单提供一些窗口的排列显示方式，如层叠、横向并排、纵向并排及文件之间的切换等以及Coreldraw的泊坞窗、色盘及工具栏的显示或隐藏，如图1-58所示。

（12）【帮助】菜单。

【帮助】菜单提供一些Coreldraw的新功能介绍、帮助以及链接Coreldraw网站等（图1-59）。

图1-57 【工具】菜单　　　图1-58 【窗口】菜单　　　图1-59 【帮助】菜单

3. 主要对话框及泊坞窗

（1）图形的导入。

CoreldrawX4的位图编辑功能，是区别于其他图形绘制软件的最大特色，用户可以在当前文件中导入位图，进行位图与矢量图形的转换、变换位图并对位图应用颜色遮罩效果。另外，还可以改变位图的色彩模式，调整位图色彩以及对位图进行校正等操作。

①导入的操作方法：在CoreldrawX4中，不仅可以绘制各种效果的矢量图形，还可以通过导入位图并对位图进行编辑，制作更加完美的画面效果。具体操作方法如下。

• 执行文件/导入命令或按下快捷键【Ctrl】+【I】，弹出如图1-60的对话框。

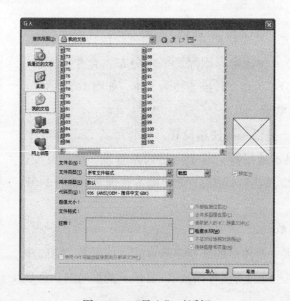

图1-60 "导入"对话框

• 在"查找范围"下拉列表中查找需要导入的文件路径，在文件列表框中单击需要导入文件的文件名。

• 在文件列表中选中需导入的文件，选中"预览"复选框后，就可以在预览窗口中看到该图像文件的预览效果。

• 单击【导入】按钮，回到绘图页面，此时鼠标的指针变成直角形状。

• 将直角形状的光标移动到绘图页面中的适当位置，单击鼠标，即可将导入的图形放在单击点的位置，见图 1-61。

技巧：可以在"导入"对话框的文件列表中单击要导入的文件，然后将其图标拖动到绘图页面中，释放鼠标，该图像就自动导入到绘图页面。

②导入时修剪位图的方法：在实际应用中，有时因为文件编排的需要，往往只需要导入位图中的一部分，而将不需要的部分裁剪掉。要裁剪位图，可以在导入位图时进行，也可以在将位图导入到当前文件后进行。

• 在"导入"对话框中选择全图像为下拉列表中的的 裁剪 修剪选项。

• 单击【导入】按钮，弹出"裁剪图像"对话框，如图 1-62 所示。

图1-61　导入后的图形

图1-62　"裁剪图像"对话框

• 在"裁剪图像"对话框的预览窗口中，可以拖动裁剪框四周的控制点，控制图像的裁剪范围，在控制框内按下鼠标左键并拖动，可调整控制框位置，被框选的图像将被导入到文件中，其余部分被裁掉。

• 在"选择要裁剪的区域"选项栏中，可通过输入数值精确地调整裁剪框的大小，此时"新图像大小"选项将显示裁剪后的图像大小。

• 如果对修剪后的区域不满意，可以单击【全选】按钮，重新设置修剪选项值。

• 设置完成后，单击【确定】按钮，即可将修剪后的图像导入绘图页面。如图 1-63 所示。

技巧：确定导入设置后，在绘图页面中拖动鼠标，即可将导入的图像按鼠标拖出的尺寸导入绘图页面。

图1-63　修剪前后的导入图像对比

（2）导出文件。

在实际设计工作中，通常需要配合多个图像处理软件来完成一个复杂项目的编辑，这个时候可能需要将CoreldrawX4中绘制好的图形导出为指定的图形格式，以便其他软件可以导入或打开图像文件，单击【导出】按钮，选择保存类型，就可以导出图片，如图 1-64 所示。

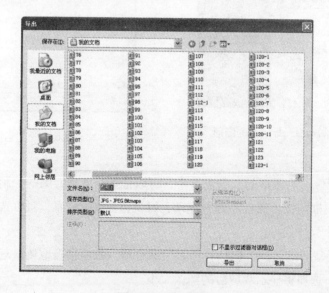

图1-64　导出文件

（3）变换泊坞窗。

CoreldrawX4 允许用户对对象进行变换调整。要精确地变换对象，可以通过变换泊坞窗来完成。对象的变换主要是对对象的位置、方向以及大小等方面进行改变操作，而并不改变对象的基本形状及其特征。见图 1-65。

在变换面板中的变换功能很齐全。在变换操作选项设置完毕后，单击【应用】按钮，即可将变换效果应用到对象上去；如果单击【应用到副本】按钮，将会得到一个该对象的已经产生变换效果的副本。

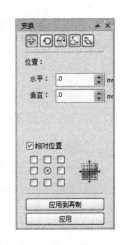

①位置变换。

使用"挑选工具"选中对象，执行"泊坞窗—变换—位置"命令，开启"变换"泊坞窗。

在"水平"和"垂直"数值框中，输入对象移动后的目标位置参数，并选择对象移动的相对位置，在"副本"文字框中输入需要复制的份数，并单击【应用】按钮。

②旋转变换。

图1-65　变换泊坞窗

通过"变换"泊坞窗，可以准确地将对象按指定的角度旋转，同时可以指定旋转的中心点。

选择需要旋转的对象，单击"变换"泊坞窗中的【旋转】按钮。

设置好旋转中心点位置，基点位置可以通过选中不同方向上的选框进行设置。

设置好旋转的角度，单击【应用】按钮。

③比例和镜像变换。

在"变换"面板中，提供了对对象进行镜像处理的功能。有水平镜像、垂直镜像之分，在属性栏中点击完成后，也可对对象进行镜像处理。

④大小变换。

尺寸变换即对对象在水平方向或垂直方向的尺寸大小进行按比例或非比例的缩放操作。使用变换面板可以精确地完成这一操作。

注意：在比例和镜像变换及尺寸变换中，取消"不成比例"选项后，对象的变换是成比例的；而选中"不成比例"选项后，在对对象的变换中，用户可以设置任意比例值，产生的变换效果也就不同。

图1-66　修剪泊坞窗

⑤倾斜变换。

使用"变换"泊坞窗中的【倾斜】选项，可以精确地对图形的倾斜度进行设置。

注意：改变对象的定位点可以调整倾斜对象的位置和形状。如果取消"使用定位点"选项，则系统默认该对象的旋转中心为定位点，就地进行倾斜转换。

（4）修剪泊坞窗。

【窗口】—【泊坞窗】—【造形】子菜单为用户提供了一些改变对象形状的功能命令，同时，在属性栏中还提供了与造形命令相对应的功能按钮，以便更快捷地使用这些命令。见图1-66。

在选中多个对象后，属性栏中便会出现焊接 、修剪 和相交 等工具按钮。在该泊坞窗中，选定"来源对象"复选框，可在操作后保留来源对象；选定"目标对象"复选框，可在操作后保留目标对象。

①焊接 ：焊接可以接合多个单一对象或组合的多个图形对象。

• 选中需要操作的多个图形对象，确定目标对象。

• 圈选时，压在最底层的对象就是目标对象；多选时，最后选中的对象就是目标对象。单击属性栏上的【焊接】按钮，即可完成对多个对象的焊接。

• 也可选定形状泊坞窗中的焊接按钮后单击【焊接】按钮，然后用鼠标单击目标对象，即可完成焊接。

②修剪 ：修剪可以从目标对象上剪掉与其他对象之间重叠的部分。

③相交 ：使用相交后，可以得到两个或多个对象重叠的相交部分，也就是在图形对象的交叠处产生一个新的对象。

（5）对象的对齐。

选择需要对齐的所有对象，单击属性栏中的【对齐与分布】按钮，弹出如图1-67所示的"对齐与分布"对话框，其中默认为"对齐"标签选项，在该选项中可以设置对象的对齐方式。

①使用"挑选工具"选择需要对齐的所有对象。

②单击属性栏中的对齐与分布按钮 ，在弹出的"对齐与分布"对话框中选中对齐方式，然后单击【应用】按钮。

在"对齐与分布"对话框中单击【分布】标签，切换到"分布"选项设置（图1-68）。

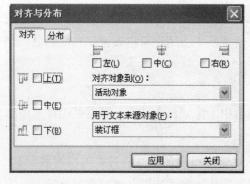

图1-67　"对齐与分布"对话框

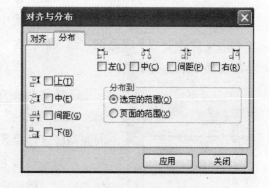

图1-68　"分布"对话框

在"分布"选项中，可以选择所需的分布方式，也可以组合选择分布参数，选择"选定的范围"或"页面的范围"单选项后，可使对象按指定的范围进行分布。

（6）色彩的泊坞窗。

执行【窗口】—【泊坞窗】—【颜色】命令，打开"颜色"泊坞窗，该泊坞窗默认为"显示颜色滑块" 状态，如图1-69（a）所示。

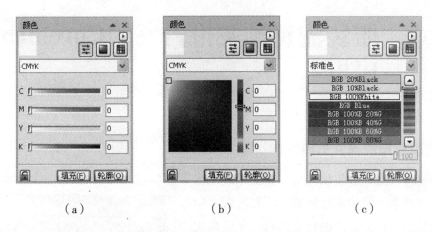

图1-69   色彩泊坞窗的常用的三种调色模式

可以通过单击"颜色"泊坞窗上方的"显示颜色查看器" 按钮和"显示调色板" 按钮，以切换泊坞窗的显示状态，还可以自定义颜色调色板及混合颜色创建新的颜色。单击【添加到调色板】按钮，即可将选定或创建的颜色添加到调色板中。

思考与练习

1. 熟悉 CoreldrawX4 的菜单工具、标准栏、属性栏、工具箱中各种工具的基本操作和用途。

2. 在 CoreldrawX4 菜单栏中查看菜单下六种视图显示方式分别是什么。

第二章 服装流行预测报告书的Coreldraw 应用

一、服装流行预测报告书的制作

服装流行是指在服装领域里占据上风的主流服装的流行现象。服装流行预测是依据客观实际对流行趋势的预想，是依据社会调查、生活源泉和演变规律推测即将流行服装的色彩、面料、款式等。服装流行色预测报告书（图2-1）可结合Coreldraw 软件提供的工具、菜单等功能进行制作，主要涉及图片的导入、文字的导入及变换和基础图形的结合处理。其主要制作步骤如下。

（1）打开 Coreldraw 软件，执行菜单栏中的【文件】—【新建】命令，或使用【ctrl】+【N】组合快捷键，设定纸张大小为 A4 规格。

（2）使用【ctrl】+【R】显示标尺，在横向标尺上按住鼠标左键向界面拖动拉出辅助线，执行菜单栏【文件】—【导入】，导入图片。如图 2-2 所示。

图2-1 服装流行色预测报告书

（3）使用工具箱中的挑选工具 ，框选导入图片，执行菜单栏【排列】—【对齐与分布】—【顶端对齐】；移动辅助线，使用工具箱中的手绘工具 ，在界面相应位置绘制直线，并在属性栏中调整线条宽度，得到的效果如图 2-3 所示。

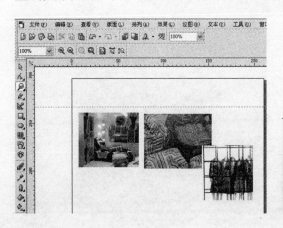

图2-2 文件导入

图2-3 线条绘制及调整

（4）使用工具箱中的矩形工具▣，绘制矩形，执行菜单栏【窗口】—【泊坞窗】—【修整】，在【修整】泊坞窗口选择【焊接】命令，如图2-4所示。

图2-4　焊接

（5）选择工具箱中的文本工具字，输入文字，调整字体，使用工具箱中的形状工具调整字间距，如图2-5所示。在文本工具输入状态下，选择要调整的文字进行字体和字号的改变，得到的效果如图2-6所示。

图2-5　文字间距调整　　　　　　　　　　　　　　　图2-6　文字字体改变

（6）打开Word文件，输入文本后选择【复制】，然后在Coreldraw文件中使用工具箱中的文本工具字，在操作界面上按住左键不放，拉出文本虚线框，粘贴文本命令后，出现如图2-7所示的对话框，按【确定】，文本粘贴完成，如图2-8所示。

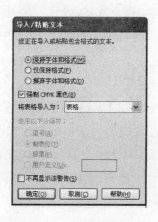

图2-7　粘贴文本选项　　　　　　　　　　　　图2-8　粘贴段落文本

（7）使用工具箱中的【挑选】工具命令，调整文字的排列，在调整排列完成后点击右键出现对话框，选择【转换为美术字】命令或在菜单栏中执行【文本】—【转换为美术字】，如图2-9所示。

（8）选择工具箱中的【挑选】工具，选取文字进行大小调整，在属性栏中选择对齐方式"左"，如图2-10所示。使用工具箱中的形状工具 进行段落字行间距的调整。

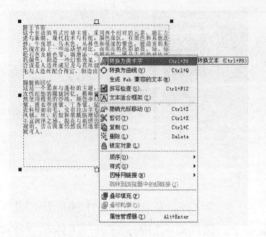

图2-9　转换为美术字

图2-10　对齐方式

图2-11　完成稿

（9）使用工具箱中的挑选工具，选择段落，移动段落进行版面安排，如图2-11所示。

二、服装面料、色彩趋势预测报告书的制作

服装流行面料、色彩趋势预测是服装流行预测的重要组成部分（图2-12），其报告书的制作可结合Coreldraw软件提供的工具、菜单等功能进行，主要涉及图片的导入裁切、文字的导入及变换和工具箱工具的应用。其基本制作方法如下。

（1）打开Coreldraw软件，执行菜单栏中的【文件】—【新建】命令，或使用【ctrl】+【N】组合快捷键，设定纸张大小为A4规格。

（2）使用【ctrl】+【R】显示标尺，在横向标尺上按住鼠标左键向界面拖动拉出辅助线，执行菜单栏【文件】—【导入】，导入图片（图2-13）。

（3）使用工具箱中挑选工具，移动图片，框选两张图片，选择菜单栏中的【排列】—【对齐与分布】—【底端对齐】，如图2-14所示，得到的效果如图2-15所示。

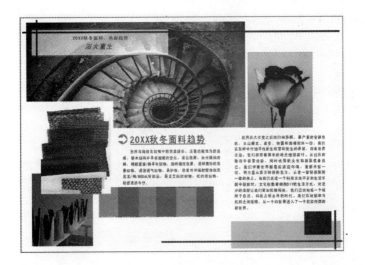

图2-12　面料、色彩趋势预测报告书

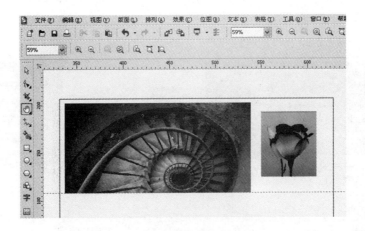

图2-13　图片导入

图2-14　对齐和分布

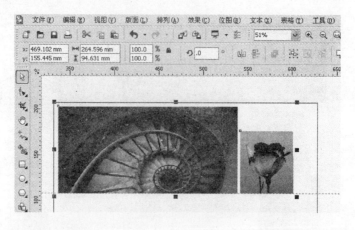

图2-15　对齐应用

（4）使用工具箱中的矩形工具□绘制矩形，选择挑选工具选取矩形，如图2-16所示。使用菜单栏中的【窗口】—【泊坞窗】—【造形】，弹出造形泊坞窗口，如图2-17所示。在造形泊坞窗中选择【修剪】命令，修剪图片，得到的效果如图2-18所示。

图2-16　矩形

图2-17　修剪

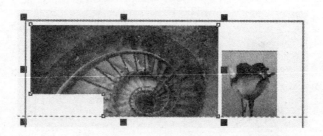

图2-18　修剪应用

（5）使用工具箱中的手绘工具绘制直线，在属性栏中设置线宽为1.411mm，使用矩形工具□绘制矩形，如图2-19所示。

（6）使用工具箱中的挑选工具选择矩形，使用交互式透明工具，在矩形上拖动鼠标，形成矩形透明度，如图2-20所示。在属性栏设置交互式透明度选项为"标准"，如图2-21所示。

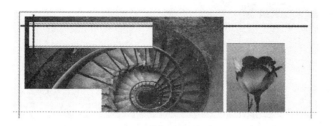

图2-19 图形绘制

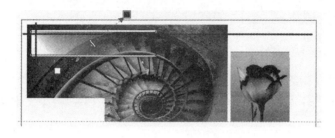

图2-20 交互式透明工具应用

（7）使用菜单栏【文件】—【导入】，导入图片，选择挑选工具![挑选工具]移动图片到相应位置，如图2-22所示。使用文本工具输入文字。

图2-21 透明工具属性

（8）打开 Word 文件，输入段落文字后选择【复制】，然后在 Coreldraw 文件中使用工具箱中的文本工具![字]，在操作界面上按住左键不放拉出文本虚线框，粘贴文本命令后，出现如图2-23所示的对话框，按【确定】，文本粘贴完成，得到的效果如图2-24所示。

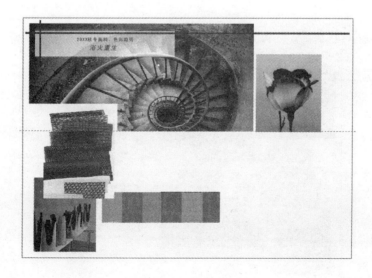

图2-22 图片导入

图2-23　粘贴文本选项　　　　　　　　图2-24　粘贴段落文本

（9）使用工具箱中的挑选工具 命令，调整文字的排列，在调整排列完成后点击右键，在出现的对话框中选择【转换为美术字】命令或在菜单栏中执行【文本】—【转换为美术字】，如图 2-25 所示。

（10）选择工具箱中的挑选工具 ，选取文字，调整尺寸，使用工具箱中的形状工具 进行段落字行间距的调整，如图 2-26 所示。移动文字至图形，效果如图 2-27 所示。

图2-25　转换为美术字　　　　　　　　图2-26　对齐方式

图2-27　文字编辑后效果

（11）使用工具箱中的矩形工具 □ 绘制矩形,选择贝塞尔工具 ╲ 绘制三角形,如图 2-28 所示。使用菜单栏中的【窗口】—【泊坞窗】—【造形】,弹出造形泊坞窗口。在造形泊坞窗中选择【焊接】命令,焊接图形。

（12）使用工具箱中的椭圆形工具 ○,按【Shift】键绘制正圆,选择菜单栏中的【窗口】—【泊坞窗】—【造形】,弹出造形泊坞窗口。在造形泊坞窗中选择【修剪】命令,修剪图形。使用【均匀填充】工具,弹出对话框后,如图 2-29 所示进行设置。

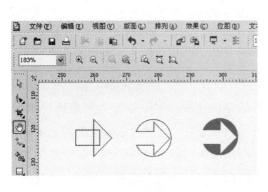

图2-28　图形绘制

图2-29　均匀填充

（13）使用工具箱中的挑选工具 ╲ 选择图形移动至相应位置,使用矩形工具 □ 绘制图形,得到的效果如图 2-30 所示。

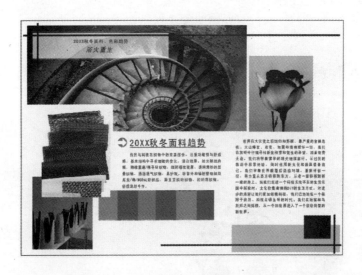

图2-30　完成效果

思考与练习

1.设计和制作一份服装流行预测报告书。

2.思考在CoreldrawX4中图片导入的格式、导入图片的裁切处理方法是什么。

第三章　服装图形设计的Coreldraw应用

一、品牌标志设计Coreldraw应用

标志是表明一定事物特征的记号，它以单纯、显著、易识别的物象、图形或文字符号为直观语言，除表示什么、代替什么之外，还具有表达意义、情感和指令行动力等作用，英文俗称为 logo。

图3-1　标志设计（一）

标志承载着企业的无形资产，是企业综合信息传递的媒介。标志作为企业 CIS 战略的主要部分，在企业形象传递过程中，是应用最广泛、出现频率最高，同时也是最关键的元素。

品牌标志，是指品牌中可以被认出、易于记忆但不能用言语称谓的部分——包括符号、图案、明显的色彩、字体等，又称"品牌标志"。品牌标志与品牌名称都是构成完整的品牌概念的要素。品牌标志自身能够创造品牌认知、品牌联想和消费者的品牌偏好，进而影响品牌体现的质量与顾客的品牌忠诚度。

1. 品牌标志设计（一）

以下介绍图 3-1 所示标志的设计方法。

（1）使用工具箱中的矩形工具 ▢ 绘制矩形，在菜单栏【编辑】—【复制】,并执行【编辑】—【粘贴】命令,在属性栏中输入旋转角度。如图 3-2 所示。

图3-2　矩形绘制

（2）使用工具箱中的挑选工具 框选矩形，在菜单栏执行【排列】—【对齐与分布】—【对齐与属性】命令，在对话框中选择相应的对齐方式，如图 3-3 所示。

（3）执行菜单栏【窗口】—【泊坞窗】—【修整】，在【修整】泊坞窗口选择【焊接】命令。

（4）使用工具箱中的椭圆工具 ，按住【Ctrl】键拖动画出正圆，在菜单栏【编辑】—【复制】，并执行【编辑】—【粘贴】命令，使用工具箱中的挑选工具 ，按住【Shift】键进行同心圆缩小，如图 3-4 所示。

图3-3　对齐与属性

图3-4　图形绘制

（5）弹出【修整】泊坞窗口，选择【修剪】命令，进行圆形镂空，在【修整】泊坞窗口选择【焊接】命令。

（6）使用工具箱中的矩形工具 ，按住【Ctrl】键拖动画出方形，使用工具箱中的挑选工具，框选物件，在菜单栏执行【排列】—【对齐与分布】—【对齐与属性】命令，在对话框中选择相应的对齐方式，如图 3-5 所示。

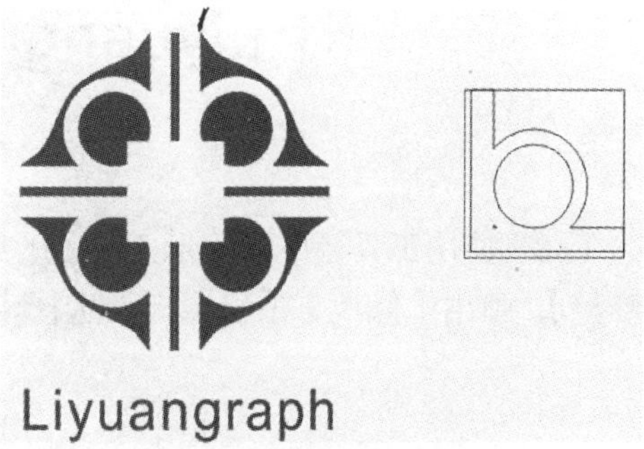

图3-5　对齐与属性应用

（7）使用工具箱中选择工具 ，点击方形，在属性栏中点击转换为曲线按钮 或选择菜单栏【排列】—【转换为曲线】，如图 3-6 所示。

（8）使用工具箱中的形状工具 ，在方形上点击插入点，在属性栏中点击添加节点 ，或快捷方式双击左键形成节点，删除节点同增加节点方法相同，如图 3-7 所示。

图3-6　转换为曲线　　　　　　　　　　　　　图3-7　节点

（9）使用工具箱中的形状工具 ，选择斜线节点，在属性栏中转换直线为曲线 ，并调整曲线，如图3-8所示。

图3-8　转换直线为曲线

（10）使用工具箱中的矩形工具 ，绘制矩形。使用菜单栏中【窗口】—【泊坞窗】—【修整】，弹出【修整】泊坞窗口，选择【修剪】命令，进行修剪镂空，如图3-9所示。

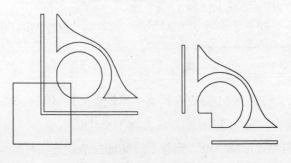

图3-9　修剪

（11）在屏幕右边调色盘中左键点击颜色进行填充，右键单击色盘上，去除边框色。

（12）在菜单栏【编辑】—【复制】，并执行【编辑】—【粘贴】命令，使用工具箱中选择工具，单击属性栏中的镜像按钮 或 ，移动物件。

（13）使用工具箱中的挑选工具 框选图形，选择均匀填充 工具，如图 3-10 进行设置，按【确定】按钮后，得到的效果如图 3-11 所示。

图3-10　均匀填充　　　　　　　　图3-11　完成图形

2. 品牌标志设计（二）

以下介绍图 3-12 所示的标志设计方法。

（1）设置中心辅助线，使用工具箱中的矩形工具 绘制矩形，使用贝塞尔工具 绘制左边三角形，轮廓线为闭合曲线，以便填色。

（2）选择工具箱中的挑选工具 ，框选三角形，在菜单栏【编辑】—【复制】,并执行【编辑】—【粘贴】命令，使用工具箱中的"选择"工具，单击属性栏中的镜像按钮 或 ，移动物件。如图 3-13 所示。

图3-12　标志设计（二）

图3-13　基本形绘制

图3-14 焊接

（3）选择菜单栏【窗口】—【泊坞窗】—【修整】，在【修整】泊坞窗口选择【焊接】命令，如图3-14所示。焊接基本图形，使其形成一个整体图形。

（4）使用工具箱中的圆形工具 ⭕，按住【Ctrl】键拖动画出正圆形，选择工具箱中的文本工具 字，输入文字，调整字体：leader 字体为 Monotype Corsiva，Ultimate Champs Generation 字体为 Bookman Old Style，调整文字大小。见图3-15。

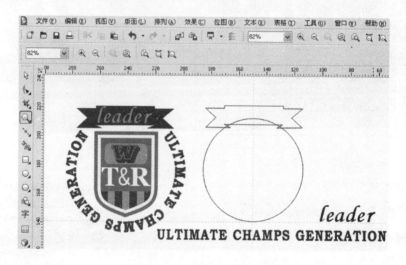

图3-15 文字输入及字体变化

图3-16 文本菜单

(5) 选择 Ultimate Champs Generation 文字，使用菜单栏【文本】—【使文本适合路径】命令，如图3-16所示。鼠标移动到圆形，文字按圆形虚线排列，位置确定后点击圆形，得到的效果如图3-17所示。选择圆形，使用菜单栏【排列】—【打散在一路径上的文本】命令，删除圆形。

（6）使用工具箱中的矩形工具 ⬜ 绘制矩形，选取菜单栏【排列】—【转换为曲线】命令，使用工具箱中的形状工具，在方形上点击插入点，在属性栏中点击添加节点 ⬛，或快捷方式双击左键形成节点并移动节点，如图3-18所示。在斜线上增加节点，在属性栏中转换直线为曲线 ⬛（图3-19），并调整曲线。

（7）选择 U 形图形，在菜单栏【编辑】—【复制】，并执行【编辑】—【粘贴】命令，使用工具箱中的"选择"工具，按住【Shift】键进行同心缩放，如图3-20所示。使用工具箱中的矩形工具 ⬜ 绘制矩形，选择菜单栏【窗口】—【泊坞窗】—【修整】，在【修整】泊坞窗口选择【相交】命令，如图3-21所示。

图3-17　文本适合路径

（a）　　　　　　　　　　　（b）　　　　　　　　　　　（c）

图3-18　节点操作

图3-19　转换为曲线

图3-20　基本形绘制

（8）使用工具箱中的矩形工具 □ 绘制矩形，选择形状工具，调整矩形四边角度。选择工具箱中的文本工具 字 ，输入文字，调整字体："W"和"T&R"字体为 Goorgia，调整文字大小。如图 3-22 所示。

（9）选择工具箱中的挑选工具 ，选择 W 文字，选取菜单栏【排列】—【转换为曲线】命令，使用工具箱中的"形状"工具，对 W文字进行图形修改，如图 3-23 所示，右侧文字为修改后的效果。

（10）选择工具箱中的交互式轮廓图工具 ，在属性栏中设置（图3-24），在轮廓颜色设置中点取右键，会在图形出现色盘中的颜色外

图3-21　相交

图3-22 图形制作

图3-23 文字转换图形

图3-24 交互式轮廓图属性栏

轮廓线，在属性栏轮廓线颜色的下拉菜单中选择【其他】，如图3-25所示，出现颜色对话框，按图3-26的内容输入，按【确定】后，得到如图3-27所示的效果。

图3-25 轮廓线颜色下拉式菜单

图3-26 外轮廓色盘

图3-27　轮廓图效果

（11）选择菜单栏【排列】—【打散轮廓图群组】命令（图3-28），选择工具箱中的选择工具 ，选择W文字外轮廓线，选择工具箱中的交互式立体化工具 ，按住左键向下拖动，形成立体效果，见图3-29。

图3-28　打散　　　　　　　　　　　图3-29　交互式立体化工具效果

（12）在交互式立体化工具属性栏中选择【颜色】下拉式菜单的"使用纯色"选项，在颜色中选择其他（图3-30），弹出对话框进行设置（图3-31）。得到的效果如图3-32所示。

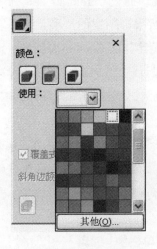 

图3-30　立体化工具颜色　　　　　　图3-31　颜色设置

图3-32 交互式立体工具填色效果

（13）移动文字，排列文字图形，选择菜单栏【窗口】—【泊坞窗】—【修整】，在【修整】泊坞窗口选择【相交】命令。制作图形下面的条形形状。选择工具箱中的"均匀填充"工具，如图 3-33 所示进行颜色设置。最后效果如图 3-34 所示。

  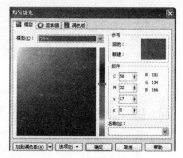

图3-33 颜色设置

图3-34 最后制作完成效果

二、服饰图案设计Coreldraw应用

服饰图案，顾名思义即针对于服装及佩饰、附件的装饰图案设计。一般而言，服饰图案即人们通常所说的衣服或穿戴物上的花纹。Coreldraw 服饰图案绘制是软件应用与图案设计、制作的结合，通过 Coreldraw 菜单命令、工具箱工具命令的运用，进行服饰图案的造型及色彩表现。服装设计包括了服饰图案设计，而 Coreldraw 服饰图案设计也必须考虑到服装的整体设计。

以下以图 3-35 为例讲解服饰图案设计的 Coreldraw 应用方法。

（1）设置中心辅助线，使用工具箱中的圆形工具 绘制椭圆，使用贝塞尔工具 ，以直线形式绘制心形，轮廓线为闭合曲线。选择形状工具，框选节点，在属性栏中转换直线为曲线 ，并调整曲线。使用工具箱中的交互式调和工具进行椭圆渐变，在属性栏中输入 ，如图 3-36 所示，并群组物件。

（2）使用工具箱中的圆形工具 ，绘制圆形，在菜单栏中【编辑】—【复制】，并执行【编

（a）

（b）

图3-35　服饰图案

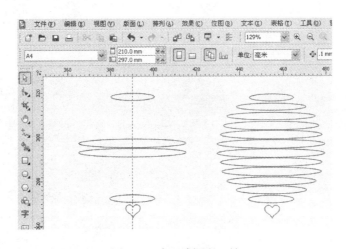

图3-36　交互式调和工具

辑】—【粘贴】命令，使用工具箱中挑选工具，按住【Shift】键进行同心缩放。选择菜单栏【窗口】—【泊坞窗】—【修整】，在【修整】泊坞窗口选择【修剪】命令，修剪后形成空心圆形。如图 3-37（a）所示。

（3）选择菜单栏【窗口】—【泊坞窗】—【修整】，在【修整】泊坞窗口选择【修剪】命令，用空心圆形修剪内部物件，如图 3-37（b）所示。使用贝塞尔工具以直线形式绘制人物图形，轮廓线为闭合曲线。选择形状工具，框选节点，在属性栏中转换直线为曲线，并调整曲线。并用人物图形修剪物件，如图 3-37（c）所示。

（4）使用工具箱中的星形工具绘制星形。在菜单栏中【编辑】—【复制】，并执行【编辑】—【粘贴】命令，使用挑选工具移动。使用工具箱中的交互式调和工具进行椭圆渐变，在属性栏中输入，如图 3-38 所示。

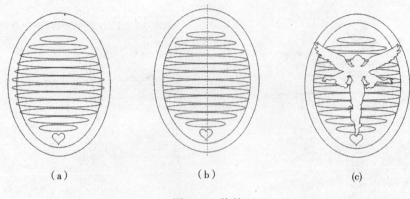

（a）　　　　　　　　　（b）　　　　　　　　　（c）

图3-37　修剪

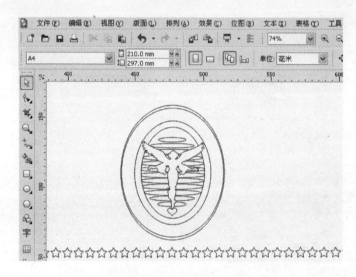

图3-38　交互式调和工具

图3-39　新路径

（5）使用工具箱中的圆形工具 绘制圆形，作为路径。选择工具箱中的挑选工具，选取星形，在属性栏中选择路径属性，如图3-39所示。再点击圆形，效果如图3-40（a）所示。

（6）选择工具箱中的挑选工具 ，选择星形基本形，并移动基本形。如图3-40（b）所示。使用菜单栏中【排列】—【打散路径群组上的混合】

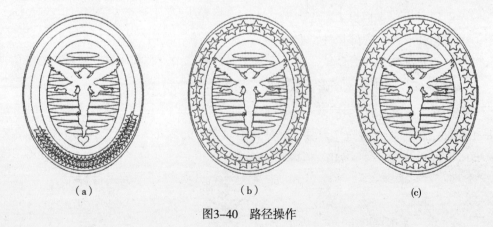

（a）　　　　　　　　　（b）　　　　　　　　　（c）

图3-40　路径操作

命令，如图 3-41 所示。在打散后删除圆形路径。得到效果如图 3-40（c）所示。

（7）使用工具箱中的圆形工具 ○ ，绘制圆形，在菜单栏中【编辑】—【复制】，并执行【编辑】—【粘贴】命令，使用工具箱中选择工具，按住 Shift 键进行同心缩放。选择菜单栏【窗口】—【泊坞窗】—【修整】，在【修整】泊坞窗口选择【修剪】命令，修剪后形成空心圆形，如图 3-42 所示的左上方图形。使用贝塞尔工具 ，以直线形式绘制花形图形，轮廓线为闭合曲线。选择形状工具，框选节点，在属性栏中转换直线为曲线 ，并调整曲线。

图3-41　打散

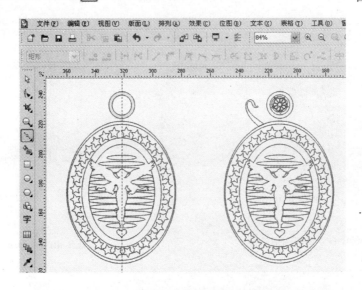

图3-42　图形绘制

（8）使用工具箱中的贝塞尔工具 ，以直线形式绘制图形，轮廓线为闭合曲线。选择形状工具 ，框选节点，在属性栏中转换直线为曲线 ，并调整曲线。如图 3-43 所示。选择菜单栏【窗口】—【泊坞窗】—【修整】，在【修整】泊坞窗口选择【焊接】命令，焊接相交图形，如图 3-44 所示。

图3-43　贝塞尔工具图形绘制

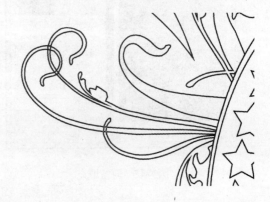

图3-44　焊接

（9）使用工具箱中的贝塞尔工具  绘制图形，选择形状工具 ，框选节点，在属性栏中转换直线为曲线 ，并调整曲线，如图 3-45 所示。图 3-46 为绘制图形整体效果显示。选择工具箱中的均匀填充 ，按图 3-47 所示进行颜色设置，得到的效果如图 3-48 所示。

（10）使用工具箱中的贝塞尔工具  绘制图形，选择形状工具，框选节点，在属性栏中转换直线为曲线 ，并调整曲线。使用工具箱中的交互式调和工具 ，进行图形渐变，在属性栏中如图 3-49 进行设置，得到的效果如图 3-50、图 3-51 所示。

图3-45　局部图形绘制

图3-46　贝塞尔图形绘制

图3-47　均匀填充

图3-48　填色

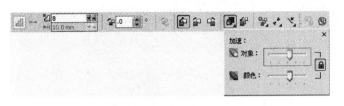

图3-49　交互式调和工具属性栏

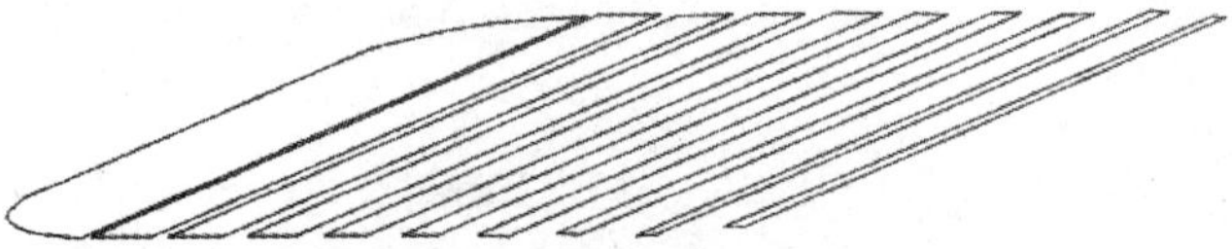

图3-50　交互式调和效果

图3-51　交互式调和工具局部应用

（11）使用工具箱中的贝塞尔工具 绘制图形，选择形状工具，框选节点，在属性栏中转换直线为曲线 ，并调整曲线。使用工具箱中的圆形工具 绘制圆形，选择菜单栏中【窗口】—【泊坞窗】—【变换】—【位置】，弹出"变换"对话框，如图3-52所示。在"位置"选项中的水平或垂直数值框内输入相应圆形距离数值，按【应用到再制】，产生等距圆形，如图3-53所示。

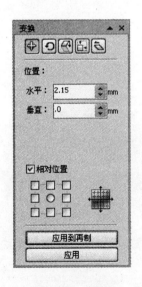

图3-52　变换

图3-53　图形绘制

（12）群组圆形，产生一整体图形。选择菜单栏【窗口】—【泊坞窗】—【修整】，在【修整】泊坞窗口选择【修剪】命令，修剪圆形，如图3-54所示。效果如图3-55所示。

（13）使用工具箱中的挑选工具 ，选取对称图形，在属性栏中选群组。在菜单栏选【编

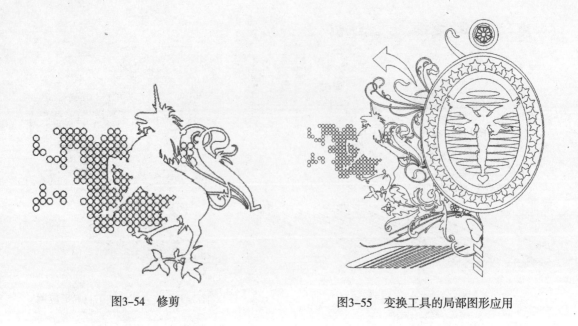

图3-54 修剪　　　　　　　　　　图3-55 变换工具的局部图形应用

辑】—【复制】，并执行【编辑】—【粘贴】命令，使用工具箱中挑选工具![icon]，点击属性栏中的镜像按钮![icon]或![icon]，移动物件，如图 3-56 所示。

图3-56 镜像图形

（14）选择工具箱中的均匀填充![icon]，如图 3-57 所示。进行图案正形颜色设置，如图 3-58 所示。如图 3-59 进行图案负形颜色设置，得到效果如图 3-60 所示。

图3-57　均匀填充　　　　　　　　　　　图3-58　图案正形填色效果

图3-59　均匀填充　　　　　　　　　　　图3-60　图案负形填色效果

思考与练习

1.设定一个服装品牌并设计该品牌的服装标志图形，做好标志图案的正负案效果。

2.使用 Coreldraw 软件设计和制作一款服饰图案。

3.在服饰图案的基础上，制作图案二方连续、四方连续作为服装装饰。

第四章 平面款式图的Coreldraw应用

一、Coreldraw平面款式图绘制

服装款式是服装设计的重要因素，款式体现服装的功能，决定服装与众不同的个性。服装款式是由服装的外部轮廓和内部细节变化组成的，它常常以效果图、款式图的形式来体现。下面以图4-1所示的款式图为例讲解其制作的基本方法。

（1）打开 Coreldraw 软件，执行菜单栏中的【文件】—【新建】命令，或使用【Ctrl】+【N】组合快捷键，在属性栏中设定纸张大小。

（2）设定辅助线，使用工具箱中的贝塞尔工具，以直线形式绘制服装领部的基本形，轮廓线为闭合曲线，以便填色，如图4-2所示。

（3）使用工具箱中的形状工具选择节点，在属性栏中选择转换直线为曲线命令，调整曲线。

（4）移动或增加辅助线，设定绘制位置，使用工具箱中的贝塞尔工具，以直线形式绘制服装领口。可以使用工具箱中的形状工具选择节点，调整节点位置，如图4-3所示。

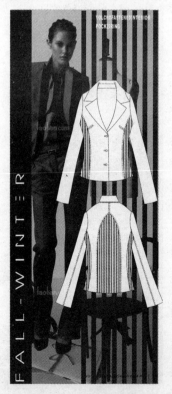

图4-1 服装款式图

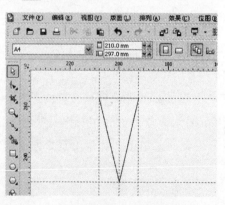

图4-2 贝塞尔工具直线绘制

图4-3 领口绘制

（5）选择菜单栏【窗口】—【泊坞窗】—【修整】，弹出【修整】泊坞窗口，选择【修剪】命令，如图4-4所示，进行修剪。在修剪泊坞窗口中选择保留来源对象。

（6）使用贝塞尔工具 和形状工具 ，绘制如图4-5所示的衣片、袖子的外形线。选择菜单栏【窗口】—【泊坞窗】—【修整】，弹出【修整】泊坞窗口，选择【修剪】命令，进行修剪。

图4-4　修剪

图4-5　衣片绘制

（7）使用贝塞尔工具 绘制衣片分割线的位置，分割线为闭合曲线，弹出【修整】泊坞窗口，选择【相交】命令，沿分割线产生衣片块面。

（8）使用矩形工具 或手绘工具 绘制线段基本形，在菜单栏【编辑】—【复制】，并执行【编辑】—【粘贴】命令，使用工具箱中的挑选工具，按【Ctrl】键平行移动线段，使用交互式调和工具 ，渐变线条图形，如图4-6（a）所示。

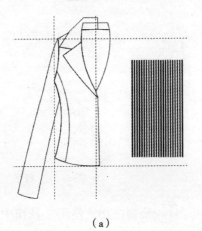

（a）

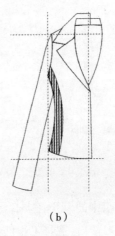

（b）

图4-6　交互式调和工具

（9）使用挑选工具，选择渐变线条图形，使用菜单栏中的【效果】—【精确裁剪】—【放置在容器内】，如图4-7所示。得到的效果如图4-6（b）所示。

（10）使用手绘工具绘制缉明线，按【F12】键，弹出"轮廓笔"对话框，或者单击工具箱中的轮廓笔对话框工具，可对选项及参数进行设置，如图4-8所示。

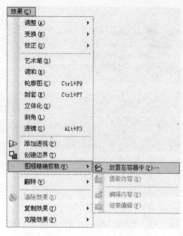

图4-7　精确裁剪

图4-8　"轮廓笔"对话框

（11）使用挑选工具框选衣片，在菜单栏【编辑】—【复制】，并执行【编辑】—【粘贴】命令，在属性栏中选择左右镜像按钮，使用挑选工具移动衣片，如图4-9（a）所示。

（12）弹出【修整】泊坞窗口，选择【焊接】命令，进行领口焊接。在【修整】泊坞窗口选择【修剪】命令，修整领口及衣片部位。右边下领口修剪后，使用菜单栏【排列】—【打散曲线】命令，如图4-10所示，打散物件。使用挑选工具，选择右边下领口角，按【Delete】键删除。得到的效果如图4-9（b）所示。

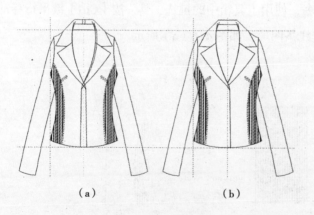

（a）　　　　　　　　　（b）

图4-9　造型工具应用

图4-10　打散

（13）使用工具箱中的圆形工具、矩形工具绘制纽扣，使用工具箱中选择工具，弹出【修整】泊坞窗口，选择【修剪】命令，修剪图形。在菜单栏中【编辑】—【复制】，并执行【编辑】—【粘贴】命令，粘贴纽扣。使用挑选工具，移动纽扣位置。正面款式轮廓图如图4-11所示。

（14）绘制背面服装款式图。设定辅助线，使用工具箱中的贝塞尔工具 ，以直线形式绘制服装后领部的基本形，轮廓线为闭合曲线，以便填色，如图4-12所示。

图4-11　正面款式轮廓

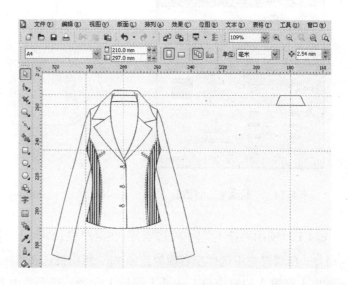

图4-12　贝塞尔工具绘制

（15）移动或增加设定辅助线，使用工具箱中的贝塞尔工具 ，以直线形式绘制服装后部衣片、袖子的基本形，轮廓线为闭合曲线，以便填色。使用工具箱中的形状工具 选择节点，在属性栏中选择转换直线为曲线命令 ，调整曲线、节点。如图4-13所示。

图4-13　背面衣面、袖片绘制

（16）选择菜单栏【窗口】—【泊坞窗】—【修整】，弹出【修整】泊坞窗口，选择【修剪】命令，修剪袖片。使用工具箱中的贝塞尔工具 ，以直线形式绘制衣侧片基本形，轮廓线为闭合曲线，以便填色。使用工具箱中的形状工具 选择节点，在属性栏中选择转换直线为曲线命令 ，调整曲线。弹出【修整】泊坞窗口，选择【相交】命令，产生衣侧片。

使用贝塞尔工具绘制袖片内轮廓线，按【F12】键，弹出"轮廓笔"对话框，如图4-14设定线条选项。得到的效果如图4-15的右半部所示。

图4-14 "轮廓笔"对话框　　　　图4-15 修剪、相交衣片

（17）使用挑选工具框选衣片，在菜单栏【编辑】—【复制】，并执行【编辑】—【粘贴】命令，在属性栏中选择左右镜像按钮，使用挑选工具移动衣片，如图4-16左边所示。弹出【修整】泊坞窗口，选择【焊接】命令，进行衣片焊接。使用贝塞尔工具，以直线形式绘制服装后部衣片，如图4-16右边所示。

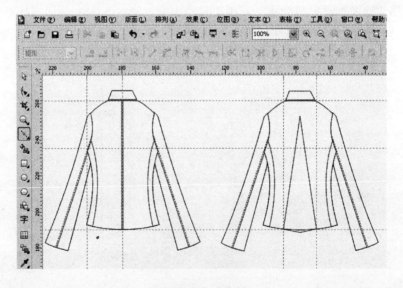

图4-16 衣片绘制

（18）使用工具箱中的形状工具选择节点，在属性栏中选择转换直线为曲线命令，调整后片曲线，如图4-17左边所示。使用矩形工具或手绘工具绘制线段基本形，在菜单栏【编辑】—【复制】，并执行【编辑】—【粘贴】命令，使用工具箱中的挑选工具，按【Ctrl】键平行移动线段，使用交互式调和工具渐变线条图形，如图4-17的右半部所示。

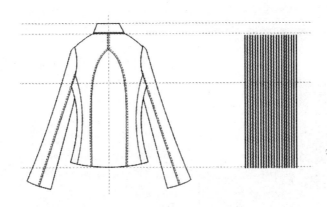

图4-17 交互式调和工具应用

（19）使用挑选工具 ，选择渐变线条图形，在菜单栏【编辑】—【复制】，并执行【编辑】—【粘贴】命令，使用菜单栏中的【效果】—【精确裁剪】—【放置在容器内】，得到的效果如图 4-18 的右半部所示。

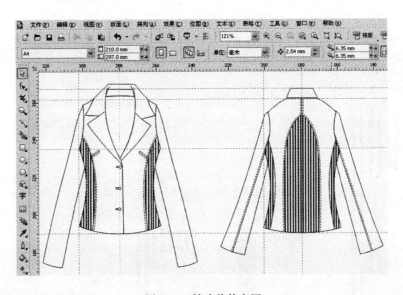

图4-18 精确裁剪应用

（20）使用挑选工具 ，选择填色的服装部件，可按【Shift】键进行多选。单击工具箱中的均匀填充工具 ，在弹出的"均匀填充"对话框中选择颜色，如图 4-19 所示。在上色后，有些服装局部部件被衣片部件遮盖，这时需调整前后位置，使用挑选工具 选择被盖住的服装部件，在菜单栏选【排列】—【顺序】，如图 4-20 进行设置。

（21）使用挑选工具 ，框选正面服装款式图部件，在属性栏中选择群组。以相同方法群组背面款式图，并移动正面、背面款式图至相应位置。使用矩形工具绘制矩形，在右边色盘上选择黑色。在菜单栏【编辑】—【复制】，并执行【编辑】—【粘贴】命令，使用工具箱中的挑选工具，按【Ctrl】键平行移动线段。使用交互式调和工具 渐变线条图形。

图4-19　均匀填充

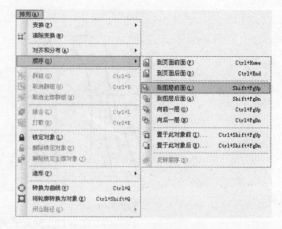

图4-20　顺序

如图 4-21 所示。

（22）选择工具箱中的文本工具，在界面上输入文字，使用挑选工具 选择文字 "VOLCROFASTENEDINTERIOR POCKEIRING"，在属性栏中选择字体为 "Arial black"，选择文字 "FALL-WINTER" 字体为 "Arial"，选择形状工具调整文字间距，如图 4-22 所示。

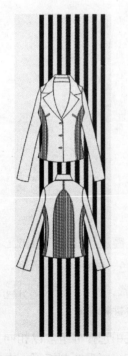

图4-21　交互式调和应用

图4-22　文字变换

（23）使用工具箱中矩形工具 绘制矩形。弹出【修整】泊坞窗口，选择【修剪】命令，对"FALL-WINTER"文字进行局部修剪。使用挑选工具  选择"FALL-WINTER"文字，在属性栏中旋转90°。见图4-23。

（24）选择菜单栏【文件】—【导入】，在打开的"导入"对话框中，如图4-24所示设置。弹出"导入裁剪"对话框，调整选择图像范围，如图4-25所示。导入图片后，使用挑选工具 ，移动图片。得到的效果如图4-26所示。

图4-23 版面排列

图4-24 导入

图4-25 导入裁剪

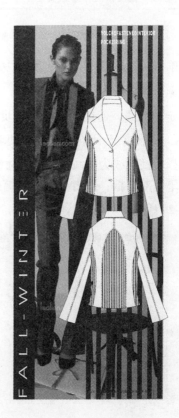

图4-26 款式完成图

二、服装面料底纹在款式中的Coreldraw应用

在服装设计中，款式、面料、工艺是重要元素，而面料在其中担当着越来越重要的角色。经过设计的面料更能符合设计师心中的构想，因为面料设计就已经完成了服装设计部分的工作，同时还会给服装设计师带来更多的灵感和创作激情。下面以图4-27所示为例讲解面料底纹在款式设计中的Coreldraw应用。

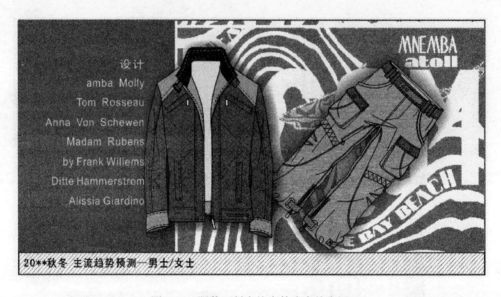

图4-27　服装面料底纹在款式中的应用

（1）打开Coreldraw软件，执行菜单栏中的【文件】—【新建】命令，或使用【Ctrl】+【N】组合快捷键，在属性栏中设定纸张大小。

（2）设定辅助线，使用工具箱中的贝塞尔工具，以直线形式绘制服装领部的基本形（图4-28），轮廓线为闭合曲线，以便填色。使用工具箱中的形状工具选择节点，在属性栏中选择转换直线为曲线命令，调整曲线。使用手绘工具绘制缉明线，按【F12】键，弹出"轮廓笔"对话框，或者单击工具箱中的轮廓笔对话框工具，可对选项及参数进行设置。如图4-29所示。

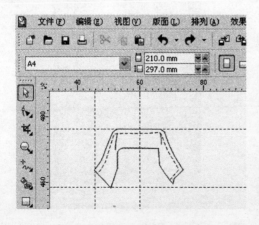

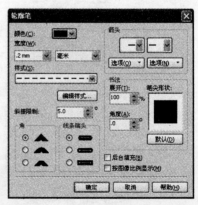

图4-28　贝塞尔工具直线绘制　　　　　　　图4-29　轮廓笔

（3）移动或增加辅助线，设定绘制位置，使用工具箱中的贝塞尔工具 以直线形式绘制服装领口。使用工具箱中的形状工具 选择节点，调整节点位置，在属性栏中选择【转换直线为曲线】命令，调整曲线。如图4-30所示。

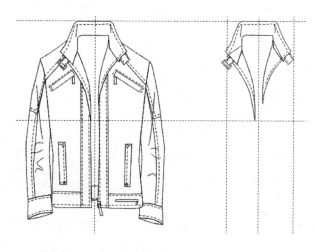

图4-30 领口绘制

（4）选择菜单栏【窗口】—【泊坞窗】—【修整】，弹出【修整】泊坞窗口，选择【修剪】命令，如图4-31所示，进行修剪。在修剪泊坞窗口中选择保留来源对象。得到的效果如图4-32所示。

图4-31 修剪

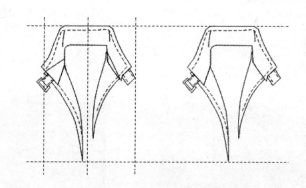

图4-32 领口修剪前后

（5）使用贝塞尔工具 和形状工具 绘制如图所示的衣片、袖子的外形线。选择菜单栏【窗口】—【泊坞窗】—【修整】，弹出【修整】泊坞窗口，选择【修剪】命令，进行修剪。如图4-33所示。

（6）使用贝塞尔工具 和形状工具 绘制如图所示的另一侧衣片、袖子的外形线。使用贝塞尔工具 绘制衣片分割线的位置，需要局部填色的部分为闭合曲线，如图4-34所示。

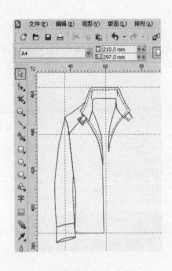

图4-33 衣片绘制

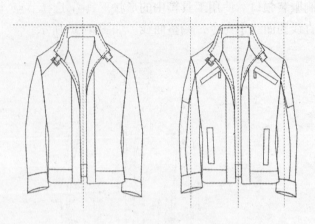

图4-34 内部轮廓线的绘制

（7）使用贝塞尔工具 和形状工具 绘制服装上衣款式图中的内部轮廓缉明线及局部款式（图4-35）。按【F12】键，弹出"轮廓笔"对话框，或者单击工具箱中的轮廓笔对话框工具 ，可对选项及参数进行设置。

（8）制作方格面料效果。使用工具箱中的矩形工具 ，按【Ctrl】键的同时拖出一个正方形，在属性栏中设定正方形大小为75mm×75mm，单击工具箱中的PostScript填充工具 ，弹出"PostScript底纹"对话框，选项及参数设置如图4-36所示。

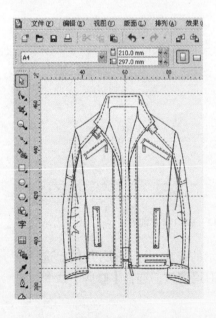

图4-35 缉明线

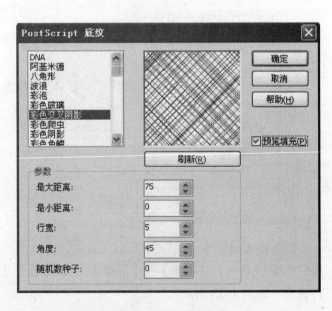

图4-36 PostScript底纹

（9）按【确定】按钮后，用所选的底纹进行填色，效果如图4-37所示。

（10）使用工具箱中的矩形工具 ，在底纹位置处再绘制一个与底纹大小一致的正方形。使用工具箱中的均匀填充工具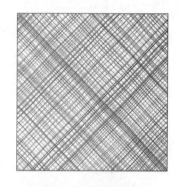，设置均匀填充为灰绿色CMYK（40,20,22,0），如图4-38所示。按【确定】按钮进行填色，选择菜单栏【排列】—【顺序】—【到页面后面】命令，将灰绿色作为背景放置在底纹的后面，如图4-39所示。

图4-37 底纹填色效果

（11）使用挑选工具，框选底纹填色物件，在属性栏中选择群组命令。选择菜单栏【位图】—【转换为位图】命令，弹出"转换为位图"对话框，如图4-40所示，并设置各项参数。

（12）按【确定】按钮后，原来的矢量图就变成了位图模式，效果如图4-41所示。

图4-38 均匀填充

图4-39 填充后效果

图4-40 转换为位图

图4-41 转换为位图模式

（13）使用挑选工具，选择位图面料图形,在菜单栏【编辑】—【复制】,并执行【编辑】—【粘贴】命令，使用菜单栏中的【效果】—【精确裁剪】—【放置在容器内】，效果如图4-42所示。上色后，有些服装部件局部被衣片部件遮盖，这时需调整前后位置，使用挑选工具，选择被盖住的服装部件,在菜单栏【排列】—【顺序】,进行衣片局部前后顺序的设置。

图4-42　精确裁剪应用

（14）使用挑选工具，选择填色的服装部件，单击工具箱中的均匀填充工具，在弹出的"均匀填充"对话框中选择颜色。如图4-43所示进行设置。使用挑选工具，选择服装上领口缉明线的线段，使用工具箱中的轮廓填色工具，弹出"轮廓填色"对话框，如图4-44所示进行设置。

（15）使用挑选工具选择要填色的服装部件，可按【Shift】键进行多选，单击工具箱中的均匀填充工具，在弹出的"均匀填充"对话框中选择颜色，如图4-45所示。效果如图4-46所示。

（16）使用挑选工具选择要填色的服装部件，单击均匀填充工具，在弹出的"均匀填充"对话框中选择颜色。如图4-47所示进行设置。按【确定】后，得到的效果如图4-48所示。

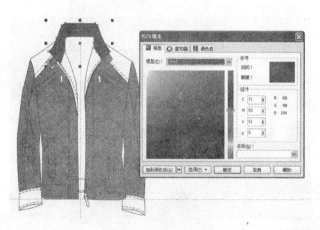

图4-43　均匀填充应用

图4-44　轮廓填色

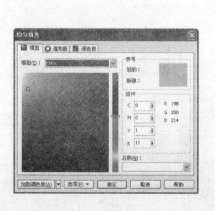

图4-45　均匀填充

图4-46　填色效果

（17）绘制裤子。设定辅助线，使用工具箱中的贝塞尔工具 ，以直线形式绘制裤装腰部的基本形，轮廓线为闭合曲线，以便填色。使用工具箱中的形状工具 选择节点，在属性栏中选择转换直线为曲线命令 ，调整曲线。见图4-49的右半部。

图4-47　均匀填充

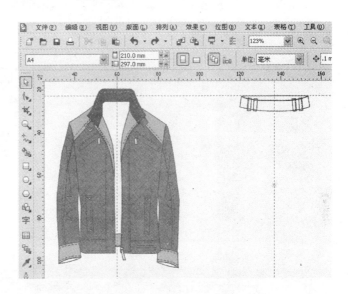

图4-48　填色后的效果　　　　　　　　　　图4-49　裤子腰部绘制

（18）使用工具箱中的贝塞尔工具 绘制缉明线，使用工具箱中的形状工具 选择节点，在属性栏中选择转换直线为曲线命令 ，调整曲线。按【F12】键，弹出"轮廓笔"对话框，或者单击工具箱中的轮廓笔对话框工具，如图4-50所示，可对选项及参数进行设置。得到的效果如图4-51的右半部所示。

（19）选择菜单栏【窗口】—【泊坞窗】—【修整】，弹出【修整】泊坞窗口，选择【修剪】命令，进行修剪。在修剪泊坞窗口中选择保留来源对象。得到的效果如图4-52的左半部所示。

（20）移动或增加辅助线，设定绘制位置，使用工具箱中的贝塞尔工具 ，以直线形式绘制裤子。使用工具箱中的形状工具 选择节点，调整节点位置，在属性栏中选择转换直线为曲线命令 ，调整曲线，如图4-52的右半部所示。

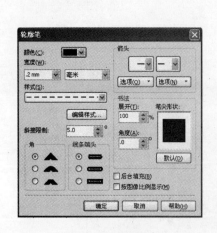

图4-50　轮廓笔

图4-51　贝塞尔工具绘制绲明线

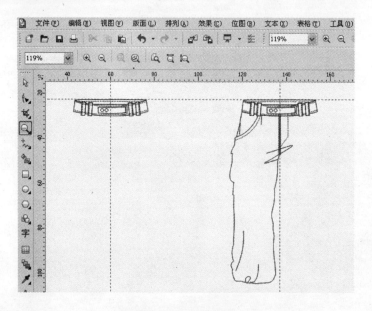

图4-52　裤子绘制

（21）移动或增加辅助线，设定绘制位置，使用工具箱中的贝塞尔工具，以直线形式绘制服装裤子的内部轮廓线。使用工具箱中的形状工具选择节点，调整节点位置，在属性栏中选择转换直线为曲线命令，调整曲线，如图4-53所示。

（22）使用挑选工具框选裤片，在菜单栏【编辑】—【复制】，并执行【编辑】—【粘贴】命令，在属性栏中选择左右镜像按钮，使用挑选工具移动裤片，弹出【修整】泊坞窗口，选择【焊接】命令，进行裤片焊接。使用贝塞尔工具绘制裤片局部，并进行左右片局部差异部分的修改，如图4-54所示。

（23）使用挑选工具，选择要填色的服装部件，选择工具箱中的均匀填充工具，在弹出的"均匀填充"对话框中选择颜色，根据图4-55所示进行设置。按【确定】后，得到的效果如图4-56所示。

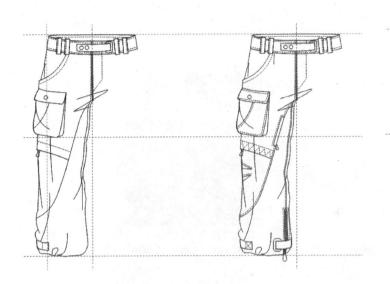

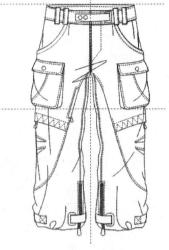

图4-53　裤子内部轮廓线的绘制　　　　　　图4-54　裤子线描稿

图4-55　均匀填充

（24）使用挑选工具，选择转换为位图的方格面料图形，如图 4-57 所示。使用菜单栏中的【效果】—【精确裁剪】—【放置在容器内】,点击裤子袋片,得到的效果如图 4-58 所示。使用挑选工具,选择腰口里片部分,选择工具箱中的均匀填充工具，在弹出的"均匀填充"对话框中选择颜色，根据图 4-59 所示进行设置。

（25）应用条纹面料。使用工具箱中的矩形工具绘制矩形，在属性栏中设置矩形大小为 15mm × 0.34mm。选择工具箱中的均匀填充工具，弹出"均匀填充"对话框,如图 4-60 所示进行设置。

（26）在菜单栏【编辑】—【复制】，并执行【编辑】—【粘贴】命令，使用挑选工具移动线段。使用工具箱中的交互式调和工具使线段渐变。选择菜单栏中的【排列】—【打散调和群组】命令，如图 4-61 所示，打散线段。使用挑选工具框选线段，在属性栏中选择群组，并旋转 45°。如图 4-62 所示。

图4-56 填色效果

图4-57 方格面料图形

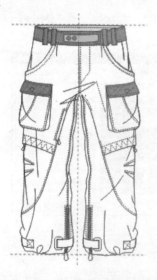

图4-58 精确裁剪

图4-59 均匀填充

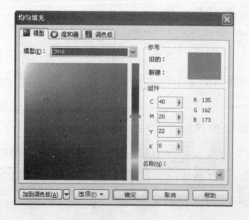

图4-60 均匀填充

图4-61 打散

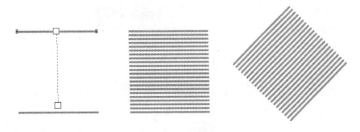

图4-62 交互式调和

（27）在菜单栏【编辑】—【复制】，并执行【编辑】—【粘贴】命令，复制、粘贴条纹面料。使用挑选工具 ，选择条纹面料图形，使用菜单栏中的【效果】—【精确裁剪】—【放置在容器内】，将条格图形放置在相应的裤片局部中，如图 4-63 所示。

（28）制作牛仔面料。使用工具箱中的矩形工具 绘制矩形，在属性栏中设置矩形大小为 53mm×86mm。单击工具箱中的 PostScript 填充工具 ，弹出"PostScript 底纹"对话框，选项及参数设置如图 4-64 所示。

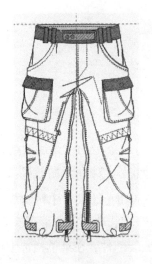

图4-63 精确裁剪

图3-64 PostScript底纹

（29）按【确定】按钮后，用所选的底纹进行填色，效果如图 4-65 所示。

（30）使用工具箱中的矩形工具 ，在底纹位置处再绘制一个与底纹大小一致的长方形。使用工具箱中的均匀填充工具 ，设置均匀填充为灰绿色 CMYK（17,7,5,0），如图 4-66 所示。按【确定】按钮进行填色，选择菜单栏【排列】—【顺序】—【到页面后面】命令，将灰绿色作为背景放置在底纹的后面，如图 4-67 所示。

（31）使用挑选工具 ，框选底纹填色物件，在属性栏中选择群组命令。选择菜单栏【位图】—【转换为位图】命令，弹出"转换为位图"对话框，如图 4-68 所示，并设置各项参数。

（32）按【确定】按钮后，原来的矢量图就变成了位图模式，效果如图 4-69 所示。

图4-65　底纹填色效果　　　　图4-66　均匀填充　　　　图4-67　填充后效果

图4-68　转换为位图　　　　　图4-69　转换为位图模式

（33）选择菜单栏中的【位图】—【杂点】—【添加杂点】命令，弹出"添加杂点"对话框，如图4-70所示，并设置各参数，按【确定】按钮，显示如图4-71所示的效果。

（34）使用挑选工具 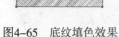，选择牛仔面料图形，使用菜单栏中的【效果】—【精确裁剪】—【放置在容器内】，得到的效果如图4-72右图所示。上色后，有些服装部件局部被衣片部件遮盖，这时需调整前后位置，使用挑选工具 ，选择被盖住的服装部件，在菜单栏选【排列】—【顺序】，进行衣片局部前后顺序的设置。

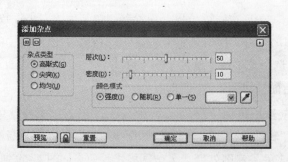

图4-70　添加杂点　　　　　　图4-71　添加杂点应用

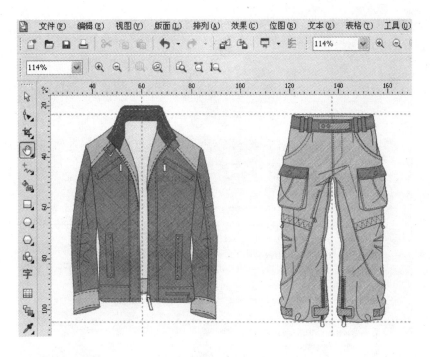

图4-72　服装款式图面料应用

（35）使用挑选工具，框选上衣服装款式图，在属性栏中选择群组：裤子款式图群组。移动上衣款式图至相应位置，旋转裤子款式图。使用工具箱中的贝塞尔工具绘制直线，在属性栏中设置线宽为0.5mm。选择工具箱中的轮廓颜色工具，弹出"轮廓颜色"对话框，如图4-73进行设置。在菜单栏【编辑】—【复制】，并执行【编辑】—【粘贴】命令，使用挑选工具移动线段。使用工具箱中的交互式调和工具使线段渐变，如图4-74所示。

图4-73　轮廓颜色

（36）使用挑选工具，选择渐变线段，使用菜单栏中的【效果】—【精确裁剪】—【放置在容器内】，将渐变线段图形放置在矩形中，如图4-75所示。选择工具箱中的文本工具，输入文字，在属性栏中调整文字字体、字号。

（37）使用工具箱中的矩形工具绘制矩形，选择均匀填充工具，弹出"均匀填充"工具对话框，如图4-76所示设置矩形颜色及文字颜色。使用工具箱中的形状工具调整文字间距，如图4-77所示。

（38）选择菜单栏【文件】—【导入】，在打开的"导入"对话框中，选择"裁剪导入"，弹出"导入裁剪"对话框，调整选择图像范围，如图4-78所示。导入图片后，使用挑选工具移动图片，得到的效果如图4-79所示。

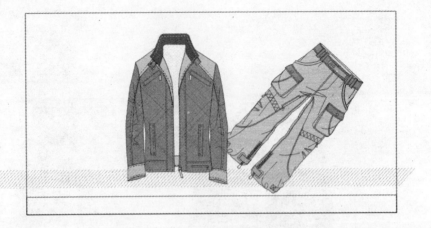

图4-74　交互式调和工具应用

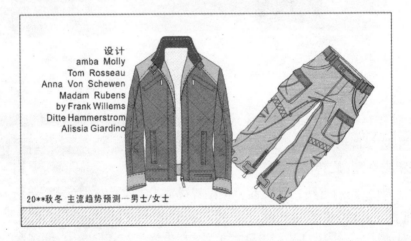

图4-75　精确裁剪

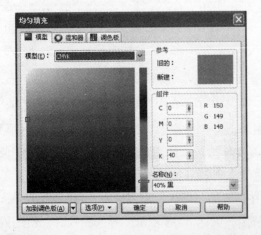

图4-76　均匀填充

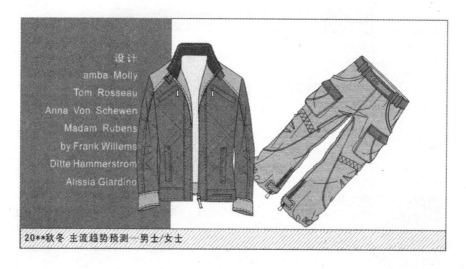

图4-77　形状工具字距应用

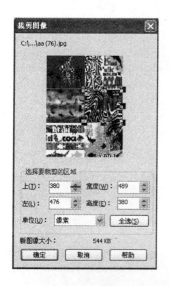

图4-78　导入裁剪

图4-79　导入应用

（39）使用挑选工具 ，选择导入图像。选择菜单栏【效果】—【调整】—【亮度 /
对比度 / 强度】命令，弹出"亮度 / 对比度 / 强度"对话框，如图 4-80 所示进行设置，得
到的效果如图 4-81 所示。

（40）使用工具箱中的挑选工具 ，选择上衣款式，选择交互式阴影工具 从款式
中心部分向右下拖动，产生阴影效果，在属性栏中进行交互式阴影工具属性设置，如图 4-82
所示。选择裤子，进行交互式阴影工具应用，得到的效果如图 4-83 所示。

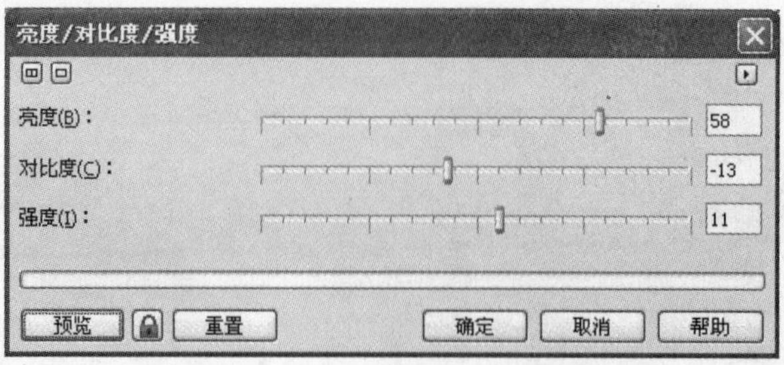

图4-80 "亮度/对比度/强度"对话框

图4-81 亮度/对比度/强度效果应用

图4-82 交互式阴影工具属性栏

图4-83 交互式阴影工具应用

三、服饰图案在款式中的Coreldraw应用

服饰图案在服装设计中是继款式、色彩、面料之后的第四个设计要素。服饰图案对服装有着极大的装饰作用。服装设计有赖于图案纹样来增强其艺术性和时尚性，服饰图案将越来越多地融入到当代男女时装设计及儿童服装设计之中，使它成为服装风格的重要组成部分。下面以图4-84所示的图例讲解其Coreldraw应用方法。

（1）打开Coreldraw软件，执行菜单栏中的【文件】—【新建】命令，或使用【Ctrl】+【N】组合快捷键，在属性栏中设定纸张大小。

（2）设定辅助线，使用工具箱中的贝塞尔工具，以直线形式绘制服装领部的基本形，轮廓线为闭合曲线，以便填色。使用工具箱中的形状工具选择节点，在属性栏中选择转换直线为曲线命令，调整曲线。见图4-85。

（3）移动或增加辅助线，设定绘制位置，使

图4-84 服饰图案例

用工具箱中的贝塞尔工具，以直线形式绘制服装领口。使用工具箱中的形状工具选择节点，调整节点位置，在属性栏中选择【转换直线为曲线】命令，调整曲线。选择菜单栏【窗口】—【泊坞窗】—【修整】，弹出【修整】泊坞窗口，选择【修剪】命令，进行修剪，得到的效果如图4-86所示。

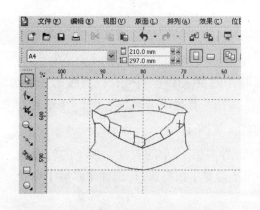

图4-85 贝塞尔工具直线绘制领部基本形

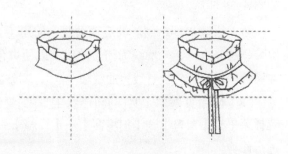

图4-86 领绘制

（4）使用贝塞尔工具和形状工具绘制如图4-87所示的衣片、袖子的轮廓线。选择菜单栏【窗口】—【泊坞窗】—【修整】，弹出【修整】泊坞窗口，选择【修剪】命令，进行修剪。

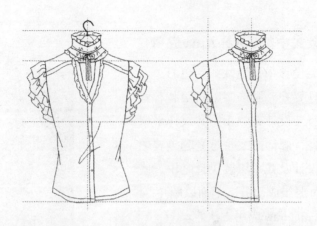

图4-87 衣片绘制

（5）使用贝塞尔工具 和形状工具绘制如图 4-88 所示的另一侧衣片、袖子的轮廓线。

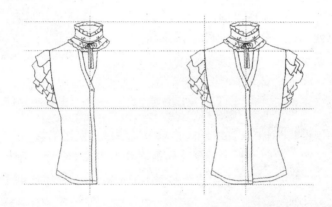

图4-88 另一侧衣片绘制

（6）使用贝塞尔工具绘制衣片分割线的位置，需要局部填色的部分为闭合曲线，如图 4-89 所示。

（7）服装领部绘制。设定辅助线，使用工具箱中的贝塞尔工具，以直线形式绘制服装领的基本形，轮廓线为闭合曲线，以便填色。使用工具箱中的形状工具选择节点，在属性栏中选择转换直线为曲线命令，调整曲线。见图 4-90。

（8）使用贝塞尔工具和形状工具绘制如图 4-91 所示的衣片、袖子的轮廓线。选择菜单栏【窗口】—【泊坞窗】—【修整】，弹出【修整】泊坞窗口，选择【修剪】命令，进行修剪。

（9）使用工具箱中的贝塞尔工具和形状工具绘制如图 4-92 所示的另一侧衣片、袖子的轮廓线。

（10）使用贝塞尔工具绘制衣片分割线，需要局部填色的部分为闭合曲线，如图 4-93 所示。

图4-89　分割线绘制

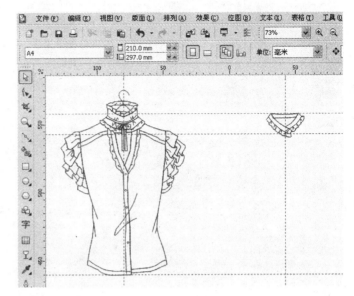

图4-90　领绘制

图4-91　衣片、袖子绘制

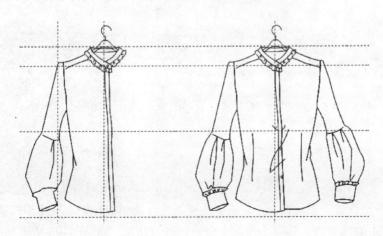

图4-92　另一侧衣片、袖子绘制

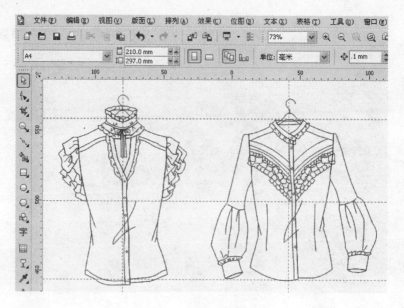

图4-93　轮廓线完成稿

（11）绘制服饰图案。使用工具箱中的圆形工具 ⬭，按【Ctrl】键绘制正圆。使用挑选工具 ➤ 选择圆形，按【Shift】键，同心缩小圆形。选择菜单栏【窗口】—【泊坞窗】—【修整】，弹出【修整】泊坞窗口，选择【修剪】命令，进行修剪，形成空心圆形。在菜单栏【编辑】—【复制】，并执行【编辑】—【粘贴】命令，使用挑选工具移动空心圆形，如图4-94所示。

（12）使用工具箱中的贝塞尔工具 ✎ 绘制图形，使用工具箱中的形状工具 ⬑ 选择节点，在属性栏中选择转换直线为曲线命令 ⌐，调整曲线。见图4-95。

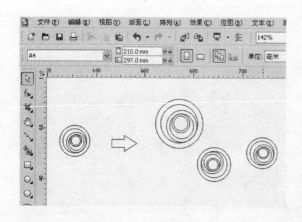

图4-94　图案修剪

图4-95　图形绘制

（13）使用工具箱中的贝塞尔工具 ✎ 绘制图形，使用工具箱中的形状工具 ⬑ 选择节点，在属性栏中选择转换直线为曲线命令 ⌐，调整曲线。选择菜单栏【窗口】—【泊坞窗】—【修整】，弹出【修整】泊坞窗口，选择【修剪】命令，进行修剪，如图4-96所示。在弹出的【修整】泊坞窗口选择【焊接】命令，进行图形焊接。

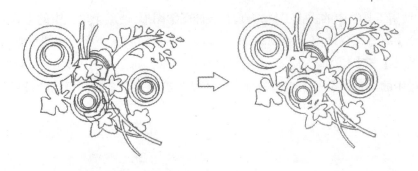

图4-96 修整命令应用

（14）使用工具箱中的挑选工具，选择图形，选择均匀填充工具，弹出"均匀填充"对话框，如图4-97进行设置，按【确定】按钮后，进行服饰图案填充，并复制、粘贴镜像图形，如图4-98所示。同样，按图4-99所示进行均匀填充设置，得到如图4-100所示效果。

图4-97 均匀填充（一）

图4-98 填充（一）

图4-99 均匀填充（二）

图4-100 填充（二）

（15）使用工具箱中的挑选工具 选择服饰图案图形,使用菜单栏中的【效果】—【精确裁剪】—【放置在容器内】,点击衣片,服饰图案自动放置在衣片中间位置,选择菜单栏中的【效果】—【精确裁剪】—【编辑内容】命令,如图4-101所示。移动服饰图案,选择菜单栏中的【效果】—【精确裁剪】—【结束编辑】命令后,得到的效果如图4-102所示。

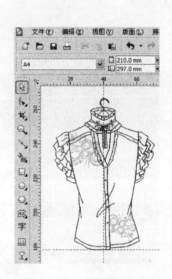

图4-101　编辑内容　　　　　　　图4-102　结束编辑

（16）使用工具箱中的挑选工具 选择衣片,按【Shift】键可多选,选择均匀填充工具 ,如图4-103所示进行设置,按【确定】按钮后,得到的效果如图4-104所示。

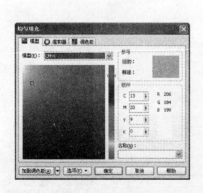

图4-103　均匀填充　　　　　　　图4-104　填色

（17）使用工具箱中的挑选工具 选择衣片,选择均匀填充工具 ,如图4-105所示进行设置,填充后得到的效果如图4-106所示。

图4-105　均匀填充

图4-106　填色

（18）使用工具箱中的贝塞尔工具 绘制暗部，使用形状工具 选择节点，在属性栏中选择转换直线为曲线命令 ，调整曲线。使用挑选工具选择衣片暗部，选择均匀填充工具 ，如图 4-107（a）所示进行设置，使用挑选工具选择袖片暗部，选择均匀填充工具，如图 4-107（b）所示进行设置。

（a）

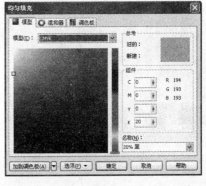

（b）

图4-107　均匀填充

（19）使用工具箱中的挑选工具 选择衣片暗部，选择交互式透明度工具 对款式暗部图形进行应用，如图 4-108 所示进行设置。透明度处理后的效果处理如图 4-109 所示。

（20）使用工具箱中的挑选工具 选择一侧款式衣片，按【Shift】键可多选。选择均匀填充工具 ，如图 4-110 所示进行设置，按【确定】按钮后，得到的效果如图 4-111 所示。

（21）使用工具箱中的挑选工具 选择衣片，选择均匀填充工具 ，如图 4-112（a）所示进行设置，填充袖片。选择均匀填充工具，如图 4-112（b）所示进行设置，填充袖片暗部，选择均匀填充工具，如图 4-113 所示进行设置，填充衣片暗部，得到的效果如图 4-114 所示。

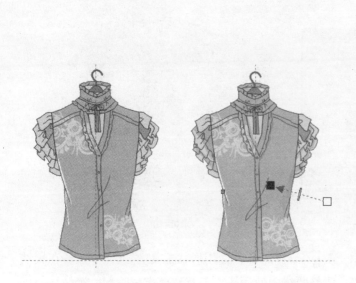

图4-108 透明度工具应用　　　　　　　　图4-109 透明度处理后的效果

图4-110 均匀填充（一）　　　　　　　　图4-111 填色效果

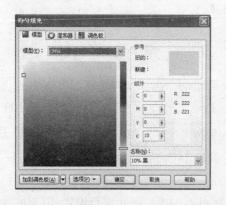

（a）　　　　　　　　　　　　　（b）

图4-112 均匀填充（二）

图4-113　均匀填充（三）

图4-114　填色

（22）绘制服饰图案。使用工具箱中的圆形工具，按【Ctrl】键绘制正圆，使用挑选工具选择圆形，按【Shift】键，同心放大或缩小圆形，使用工具箱中的贝塞尔工具绘制图形，使用形状工具选择节点，在属性栏中选择转换直线为曲线命令，调整曲线。

（23）使用挑选工具框选圆形，在属性栏中选择群组。选择菜单栏【窗口】—【泊坞窗】—【修整】,弹出【修整】泊坞窗口,选择【修剪】命令,进行修剪,如图4-115所示。

（24）使用工具箱中的贝塞尔工具绘制图形,使用形状工具选择节点,调整节点。选择菜单栏【窗口】—【泊坞窗】—【修整】,弹出【修整】泊坞窗口,选择【焊接】命令,进行图形焊接。在菜单栏【编辑】—【复制】,并执行【编辑】—【粘贴】命令,使用挑选工具移动图形,如图4-116所示。

图4-115　修剪

图4-116　图形绘制

（25）使用工具箱中的挑选工具选择图形,使用均匀填充工具,弹出"均匀填充"对话框,如图4-117所示进行设置。使用挑选工具选择圆形,选择轮廓颜色工具,弹出"轮廓颜色"对话框，进行轮廓色设置，得到的效果如图 4-118 所示。

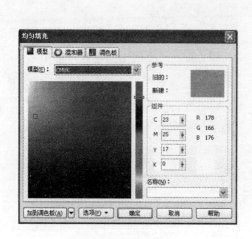

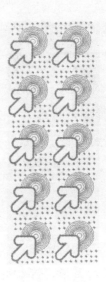

图4-117　均匀填充　　　　　　　　　　图4-118　填色

（26）使用工具箱中的挑选工具 选择服饰图案，在属性栏中设群组，使用菜单栏中的【效果】—【精确裁剪】—【放置在容器内】，点击衣片，服饰图案自动放置在衣片中，如图 4-119 所示。

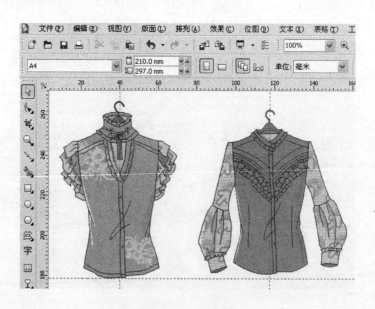

图4-119　精确裁剪

（27）使用工具箱中的挑选工具 选择服装款式，在属性栏中设群组，并移动款式。使用矩形工具 绘制矩形，并填入黑色，移动服饰图案，得到的效果如图 4-120 所示。

图4-120　服饰图案应用

思考与练习

1. 设计两款上衣款式图。

2. 设计两款面料底纹，并应用于上衣款式图中。

3. 设计一款服饰图案，将图案应用于服装款式中。

第五章　服装结构设计的Coreldraw应用

　　服装的结构设计是从服装款式设计到服装生产加工的中间环节，是实现服装从立体到平面、从平面到立体转变的关键环节。服装结构设计在服装整体设计中有着极其重要的作用，掌握服装结构设计知识也是服装设计师必须具备的专业素质。

　　服装结构是指服装各部位的组合关系，包括服装的整体与局部的组合关系，服装各部位外部轮廓线之间的组合关系，部位内部的结构线以及各层服装材料之间的组合关系，服装结构由服装的造型和功能所决定。

　　Coreldraw 服装结构设计是指借助于 Coreldraw 软件平台进行结构制图绘制，主要涉及位置的变换、线条的设置及工具箱的应用和基础图形的结合处理。下面以图 5-1~ 图 5-3 所示的男式夹克结构图为例进行服装结构设计的 Coreldraw 应用讲解。

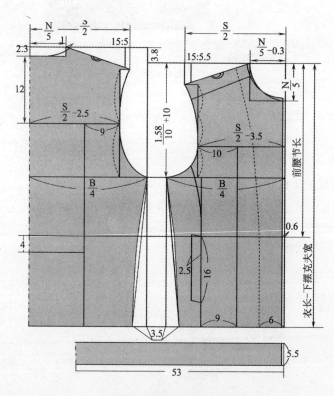

图5-1　男夹克衣片结构图

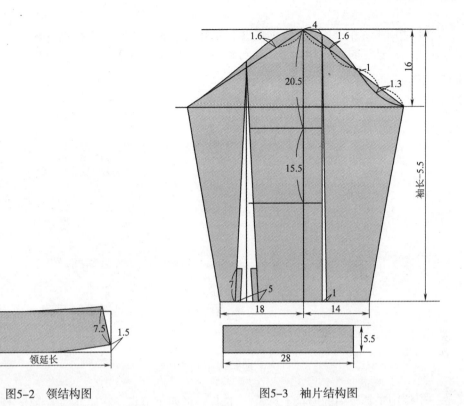

图5-2　领结构图　　　　　　　　　图5-3　袖片结构图

一、男式夹克结构设计实例

此外所示的结构图为男式夹克结构设计，图中数字单位均为厘米。

二、男式夹克结构图的Coreldraw绘制方法

下表所示为男式夹克规格尺寸。

男式夹克规格尺寸　　　　　　　　　　　　　　　　　　　　单位：cm

号型	衣长	胸围	肩宽	领围	袖长	下摆	前腰节长
175/92A	70	120	51	46	62	106	42.5

1.衣片的Coreldraw制作

（1）打开 Coreldraw 软件，执行菜单栏中的【文件】—【新建】命令，或使用【Ctrl】+【N】组合快捷键，在属性栏中设定纸张为 A4 规格，见图 5-4。

图5-4　页面属性

（2）使用工具箱中的矩形工具拖出一个矩形，长为衣长－下摆克夫宽，宽为$\frac{B}{4}$，使用工具箱中的挑选工具，选择矩形，执行菜单栏中的【排列】—【转换为曲线】或在属性栏中点击转换为曲线 ⊙ ，如图5-5所示。

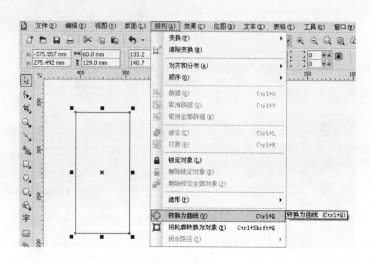

图5-5 转换为曲线

（3）使用工具箱中的形状工具 ，选择矩形四个节点，在属性栏中点击分割曲线 。执行菜单栏中的【排列】—【拆分曲线】，拆分矩形各线条，使之成为独立的线段（图5-6）。

（4）执行菜单栏中的【窗口】—【泊坞窗】—【变换】命令，或按【Alt】+【F7】组合快捷键，弹出"变换"泊坞窗，在位置 窗口的垂直距离"V"中输入尺寸（前腰节长42.5），再按【应用到再制】按钮，以相同方法定领深线$\frac{N}{5}$，如图5-7所示。

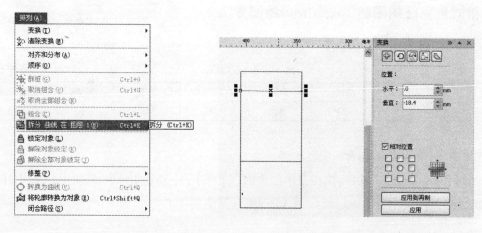

图5-6 拆分   图5-7 位置

（5）在弹出的【变换】泊坞窗口中，选择"大小"命令 ，在"大小"窗口的水平距离"H"中输入尺寸$\frac{N}{5}$－0.3，在"不按比例"对话框中选择右边端点打钩，再按【应用】按钮，如

图 5-8 所示。

(6) 使用工具箱中的手绘工具 ，在菜单栏中选择【查看】—【对齐对象】，如图 5-9 所示，连接领深线。

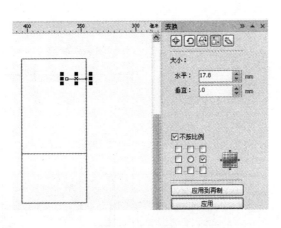

图5-8 大小   图5-9 对齐对象

（7）使用工具箱中的手绘工具 和【变换】泊坞窗口中的"大小"命令，画出肩斜线肩斜比例 15：5，使用位置命令定出肩点为 $\frac{S}{2}-0.7$，前宽线 $\frac{S}{2}-3.5$，袖窿深 $\frac{1.5B}{10}+10$，并用手绘工具做肩点与前宽线的垂线。使用形状工具调整线段，如图 5-10（a）所示。

（8）使用图纸工具定出袖窿深等分点，并设定线条属性。用步骤（4）~（6）的方法，绘制前衣片分割线、侧缝线，如图 5-10（b）所示。

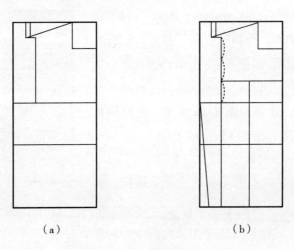

（a）   （b）

图5-10 框架绘制

（9）使用手绘工具 ✐ 或贝塞尔工具 ✐ 绘制指示线，在属性栏中或使用工具箱中的轮廓工具 ✐ ，弹出"轮廓画笔"对话框，调整指示线属性，并用文本工具完成文字尺寸及公式标示，如图5-11所示。

（10）做前片上平线的平行线并向上3.8cm延长至后片位置，下平线做延长线，定出后片的下平线，延长胸围线、腰节线，画出后领口深2.3cm，后领口宽 $\frac{N}{5}$，后肩斜线肩斜比例15：5，定出后肩点，画出后胸围 $\frac{B}{4}$，后胸宽 $\frac{S}{2}-2.5$cm。用手绘工具 ✐ 或贝塞尔工具 ✐ 加以连接和绘制，如图5-12所示。

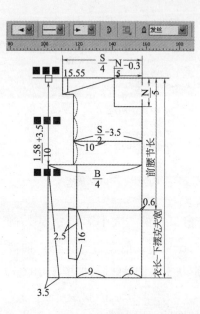

图5-11　指示线

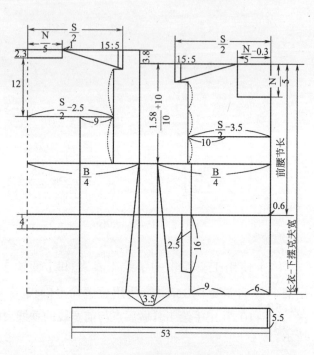

图5-12　衣片结构线

（11）使用贝塞尔工具 ✐ 和形状工具 ✐ ，在上述男夹克基本框架的基础上绘制轮廓线。按【F12】键，弹出"轮廓笔"对话框，如图5-13所示，或者单击工具箱中的轮廓工具 ✐ ，进行轮廓线、对折线选项及参数设置。按【确定】，效果如图5-14所示。选择用灰色上色后，得到的效果如图5-15所示。

2. 领片的Coreldraw制作

（1）使用工具箱中的矩形工具拖出一个矩形，高为8cm，宽为 $\frac{1}{2}$ 领弧长，使用手绘工具 ✐ 或贝塞尔工具 ✐ 绘制指示线，在属性栏中或使用工具箱中的轮廓工具 ✐ ，弹出"轮廓画笔"对话框，调整指示线属性，如图5-16所示。

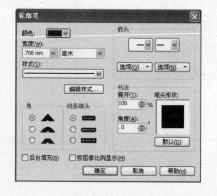

图5-13　轮廓笔

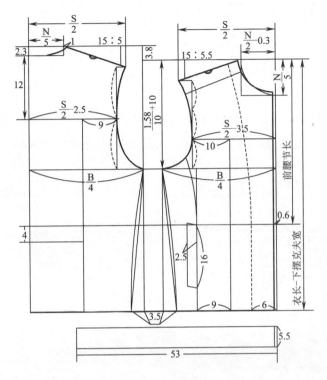

图5-14　轮廓线

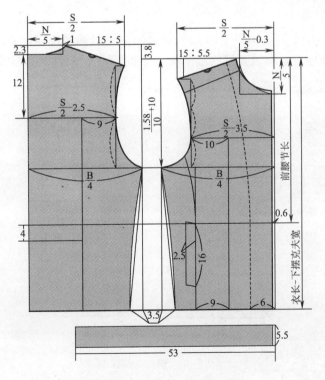

图5-15　衣片上色稿

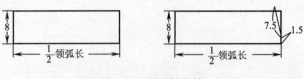

图5-16 领片结构线

（2）使用工具箱中的手绘工具 ✐ 和【变换】泊坞窗口中的大小命令 ⊡，定出领片轮廓，使用贝塞尔工具 ✎ 连接领片轮廓线段，并用形状工具调整线段弧线，如图 5-17（a）所示。

（3）使用挑选工具 ▨ 选择线段，在属性栏中调整线段线型，上色后如图 5-17（b）所示。

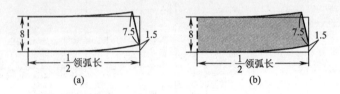

图5-17 领片轮廓、上色图

3. 袖片的Coreldraw制作

（1）使用工具箱中的手绘工具 ✐，按【Ctrl】键绘制垂直线，使用【变换】泊坞窗口中的大小命令 ⊡，定出尺寸"为袖长 –5.5"，绘制上平线、下平线及袖窿深线，如图 5-18（a）所示。

（2）使用【变换】泊坞窗口中的大小命令 ⊡，定出袖口位置，使用工具箱中的椭圆工具定出前袖窿弧线、后袖窿弧线的辅助线及与袖窿深线相交的位置，使用工具箱中的手绘工具 ✐，连接各点，如图 5-18（b）所示。

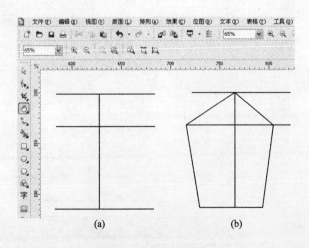

图5-18 袖片基础线

（3）使用手绘工具 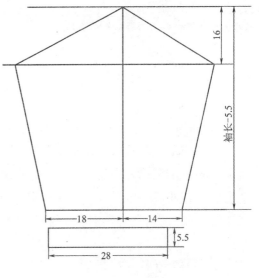 绘制指示线，在属性栏中或使用工具箱中的轮廓工具，弹出"轮廓画笔"对话框，调整指示线属性，并用文本工具完成文字尺寸及公式标示，如图5-19所示。

（4）使用手绘工具绘制各线段，使用【变换】泊坞窗口中的"大小"命令，定出袖子各部位位置，使用【位置】命令定出袖片分割部位。

（5）使用贝塞尔工具和形状工具，在上述袖片基本框架的基础上绘制轮廓线。按【F12】键，弹出轮廓笔对话框，或者单击工具箱中的轮廓工具，进行轮廓线、对折线选项及参数设置。按【确定】后，效果如图5-20所示。选择灰色上色后，得到的效果如图5-21所示。

图5-19　指示线

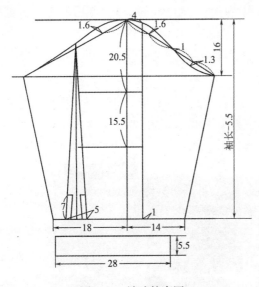

图5-20　袖片轮廓图

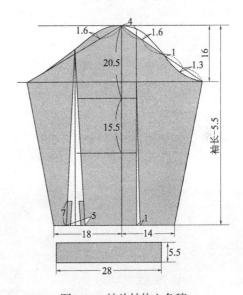

图5-21　袖片结构上色稿

思考与练习

使用 Coreldraw 软件绘制上装、裤装结构图各一套，要求部位尺寸精确，比例严谨，符号标注准确。

第六章　服装设计CAD-Photoshop基础操作

Photoshop 是最普及的图像处理软件之一，它集设计、图像处理和图像输出于一体。Photoshop 在服装设计中的应用以效果图的绘制最为常见，也包括服饰图案、图片的图形造型、色彩处理。Photoshop 图像绘制、合成、编辑和特效制作功能丰富了服装设计的制作手法，也为设计者提供了更好的创作设计平台。

一、Photoshop CS5简介

1. 工作界面

Photoshop CS5 的工作界面和以前版本的界面相比有较明显的改进，如直接以快捷按钮的形式代替了 Windwos 本身的"蓝条"样式，用户可以使用各种元素，如面板、栏以及窗口等来创建和处理文档和文件，这些元素排列起来成为工作区。用户可以从预设工作区中进行选择和创建自己的工作区来调整各个应用程序。启动 Photoshop CS5 后的工作界面如图 6-1 所示。

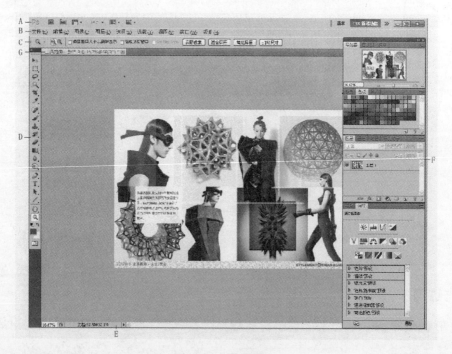

图6-1　工作界面

图中所注各部分为：A—应用程序栏，B—菜单栏，C—选项栏，D—工具箱，E—状态栏，

F—面板窗口，G—选项卡式"文档"窗口

（1）应用程序栏。

应用程序栏位于窗口顶部，其中提供了一组常用的应用程序控制件。其左侧显示了应用程序的图标。右侧显示了最小化、向下还原和关闭操作的快捷按钮。双击应用程序栏左侧的图标，可关闭应用程序；双击应用程序栏中间的空白部位，可在向下还原和最大化之间来回切换，如图6-2所示。

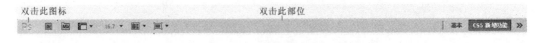

图6-2　应用程序栏

（2）菜单栏。

菜单栏包括"文件"、"编辑"等9个命令菜单，它提供了编辑图像和控制工作界面的命令，在Photoshop CS5版本中，在菜单中增加了一些新的或改进的菜单选项。单击某一个菜单后会弹出相应的下拉菜单，在弹出的菜单中选择各项命令即可应用该功能，如图6-3所示。

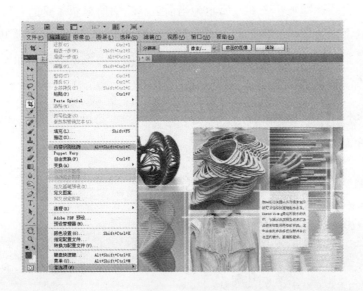

图6-3　菜单栏

某些菜单命令后面标注了该命令的快捷键，如【图像】—【调整】—【色彩平衡】命令的快捷键就是【Ctrl】+【B】，用户直接按【Ctrl】+【B】组合键就可执行"色彩平衡"的命令。

（3）选项栏。

在选择某项工具后，在工具选项栏中会出现相应的工具选项，在工具选项中可对工具参数进行设置。图6-4所示即为矩形选框工具的选项栏。

如果在选项栏中更改了参数或者其他设置，要想恢复到默认值，只需用鼠标右键单击选项栏最左侧的工具图标，在随即弹出的菜单中选择"复位工具"或"复位所有工具"即

图6-4 选项栏

可。如果选择的是"复位工具"命令，将把当前工具选项栏上的参数恢复至默认值，如果选择的是"复位所有工具"命令，则会将所用工具的选项栏上的参数恢复到默认值，如图6-5所示。

图6-5 选项复位

（4）工具面板。

工具面板中集中了 Photoshop CS5 的各种常用工具，这些工具以图标的形式出现，工具面板用于提供创建和编辑图像、图稿、页面元素等的工具。用户要选择某工具，单击工具箱中的目标工具图标即可。图 6-6 所示为当前工具箱中所显示工具的名称及其快捷键。

工具图标右下角带有小三角形的，表示其含有隐藏工具。用鼠标右键单击该工具会弹出该工具的工具组，或者用鼠标按住该工具不放，也可调出该工具组，如图 6-7 所示。其前景色和背景色用法如下。

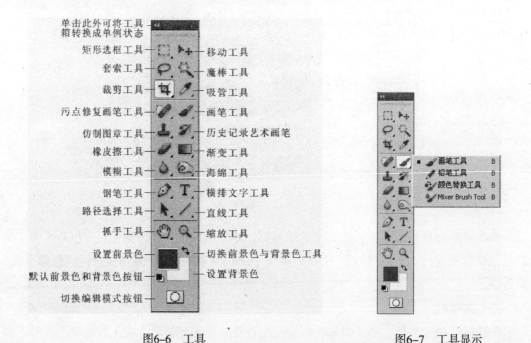

图6-6 工具　　　　　　　　　　图6-7 工具显示

①设置前景色：显示前景色，单击该按钮，可打开"拾色器"对话框进行颜色的选择。

②设置背景色：显示背景色，单击该按钮，可以打开"拾色器"对话框进行颜色的

选择。

③切换前景色和背景色：单击该按钮，将切换前景色与背景色的颜色。

④默认前景色和背景色：单击该按钮，可以恢复前景色和背景色的颜色到默认状态，即前景色为黑色，背景色为白色。见图 6-8。

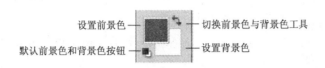

图6-8　前景色与背景色

（5）状态栏。

在 Photoshop CS5 版本中，状态栏位于"文档"窗口的左下角。在其中可显示当前图像窗口的百分比比例以及文档的各种信息。

状态栏左边的文本框显示了当前图像的显示比例，在此处输入数值并按【Enter】键可按所指定的比例显示图像。图 6-9 所示的"16.67％"即为当前图像的显示比例。

单击状态栏中的三角形箭头，展开菜单栏，单击目标状态选项，可设置状态栏的显示属性，之后，状态栏会自动显示当前打开文档在该状态下的信息，如图 6-10 所示。

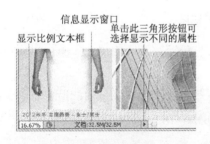

图6-9　状态栏

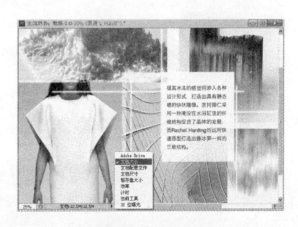

图6-10　状态栏属性设置

（6）面板窗口。

面板是 Photoshop 中进行颜色选择、编辑图层、编辑路径、编辑通道和撤销编辑等操作的主要功能面板，是工作界面的一个重要组成部分。在默认情况下，Photoshop 中的面板都被放在界面的右侧，这有助于提高工作效率。Photoshop 中的面板可全部浮动在工作窗口中，用户可以根据实际需要显示或隐藏面板，也可以将面板放置在屏幕的任意位置或将其缩为图标的形式。下面对 Photoshop CS5 中的面板使用操作方法简要说明一下。

①当面板处于关闭状态时，执行"窗口"菜单中的目标面板命令即可打开该面板。如

面板选项卡　面板菜单按钮

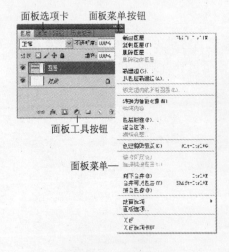

面板工具按钮

面板菜单——

图6-11　图层面板

选择"窗口／图层"命令，即可打开"图层"面板，如图 6-11 所示。

②面板选项卡：单击面板选项卡可以切换到相应的面板中。

③面板工具按钮：单击相应的按钮，即可完成对应的功能。

④面板菜单按钮：单击此按钮，会弹出面板下拉菜单。

⑤面板菜单：面板菜单里设置了一些当前面板的操作命令。

⑥关闭面板：当面板处于打开状态时，单击如图 6-12 所示的"关闭"按钮即可关闭面板。

⑦折叠面板：单击展开面板上方的空白处可折叠面板，如图 6-13 所示。

⑧展开面板：再单击折叠面板上方的空白处可展开面板，如图 6-14 所示。

——"关闭"按钮

图6-12　图层

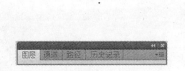

图6-13　折叠面板

图6-14　展开面板

⑨折叠为图标：移动鼠标指针到面板右上方的"折叠为图标"按钮上单击，可以将面板折叠为图标的形式，如图 6-15 所示。

⑩调整面板显示面积：将鼠标指针指向面板右下角，待鼠标指针呈双向箭头状时，按住鼠标左键拖动至所需大小即可调整面板的面积，如图 6-16 所示。

折叠为图标

图6-15　折叠图标按钮　　　　图6-16　折叠图标后

⑪下面是一些有用的功能键开关，可以显示或隐藏一些面板，以便有效利用屏幕空间。其中，画笔面板为【F5】，颜色面板为【F6】，图层面板为【F7】，信息面板为【F8】，

动作面板为【F9】。

要隐藏当前打开的面板或重新显示，按【Tab】键。

要隐藏除工具箱以外的所有面板或重新显示它们，按【Shift】+【Tab】组合键。

2．图像处理基础知识

（1）位图与矢量图。

根据图像产生、记录、描述、处理方式的不同，图像文件可以分为两大类——位图图像和矢量图形。在绘图或图像处理过程中，这两种类型的图像可以被相互交叉运用，取长补短。此内容在第1章的"位图与矢量图"中已具体阐述，此处不再赘述。

（2）分辨率。

分辨率就是指在单位长度内含有的点即像素的多少。打印分辨率就是每英寸图像含有多少个点或者像素，分辨率单位为dpi，例如72dpi就表示每英寸含有72个点或者像素。每英寸的像素越多，分辨率越高。

①图像分辨率：图像分辨率的单位是ppi(pixels per inch)，即每英寸所包含的像素数量。单位长度内的像素越多，分辨率越高，图像效果就越好。相同尺寸的情况下，高分辨率的图像比低分辨率的图像包含更多的像素，能更细致地表现图像。图6-17中(a)和(b)所示分别为相同尺寸、不同分辨率的图像，通过对比可以发现，300ppi的图像质量比72ppi的图像质量要好许多。

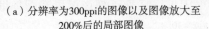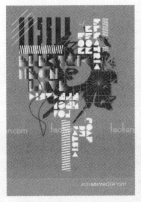

（a）分辨率为300ppi的图像以及图像放大至
200%后的局部图像

（b）分辨率为72ppi的图像以及图像放大
至200%后的局部图像

图6-17 分辨率

分辨率的设置是影响输出图像品质的重要因素。分辨率越高，图像越清晰，图像文件也就越大，同时，计算机处理图像的时间也越长，对设备的要求也越高。但并不是所有图像分辨率都越高越好，图像要使用多大的分辨率，应视图像的用途而定，不同用途的图像需要设置不同的分辨率。如果所设计的图像只是用于在屏幕上显示，那么图像的分辨率设为72ppi即可；如果是用于打印，分辨率可设为150ppi；如果要用于印刷，则分辨率的设置一般不低于300ppi。

②屏幕分辨率：屏幕分辨率即显示器上每单位长度显示的像素或点的数目，通常以dpi（每英寸点的数量）为单位。屏幕分辨率取决于显示器大小及其像素设置。PC显示器的常用分辨率约为96dpi，Mac显示器的常用分辨率为72dpi。

③输出分辨率：输出分辨率是指输出设备在输出图像时每英寸所产生的油墨点数。输出分辨率以dpi为单位，是针对输出设备（打印机）而言的。为获得最佳效果，文件中设置的图像分辨率应与打印机分辨率成正比(但不相同)。大多数激光打印机的输出分辨率为300~600dpi，当图像分辨率为72~150dpi时，其打印效果较好。高档照排机能够以1200dpi或者更高精度打印，此时将图像分辨率设为150~350dpi之间，容易获得较好的输出效果。

理解屏幕分辨率、输出分辨率以及图像分辨率有助于我们理解图像的显示效果与输出效果。如果输出分辨率和显示分辨率低，即使具有很高分辨率的图像也很难产生好的输出效果或者显示效果。

④颜色深度：颜色深度也叫位分辨率，是用来度量图像中有多少颜色信息可用于显示或打印，其单位是"位"(bit)，所以颜色深度有时也称位深度。常用的颜色深度是1位、8位、24位和32位。拥有较大颜色深度的数字图像，其具有较多的可用颜色，显示效果也较好。

二、Photoshop CS5基础操作

1. 文件的基础操作

处理图像的方式有很多，无论是新建一个空白图像文件进行绘制，还是打开一个半成品图像文件进行编辑，都免不了使用到文件的新建、关闭、打开和保存这些基础操作。

（1）新建文件。

选择【文件】—【新建】命令，可弹出如图6-18所示的"新建"对话框。在此对话框中，可以设置新建文件的名称、宽度、高度、分辨率、颜色模式、背景内容等属性，单击【确定】按钮，完成文件建立。"新建"对话框中各项的含义如下：

①"预设"：单击右侧的下拉按钮，从弹出的菜单中可以选择各种预设尺寸的标准图像的文件类型。

②"宽度"和"高度"：用于自定义图像的尺寸，设置时，应先在"宽度"、"高度"的单位列表框中选择单位，再在"宽度"和"高度"文本框中输入图像文件的宽度和高度。

③"分辨率"：用于设置分辨率。可以选择分辨率的单位，有"像素/英寸"、"像素/厘米"两种单位供选择，选择后在文本框中

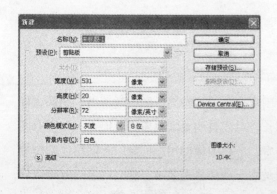

图6-18　新建文件

输入新文件的分辨率。

④"颜色模式"：在"颜色模式"下拉框中可以选择文件色彩模式。

⑤"背景内容"：用于设置新建文件的背景图层颜色。选择"白色"选项，新建的文件将以白色填充背景；选择"背景色"选项，新建的文件将以工具箱上的背景色作为新建文件的背景色；选择"透明"选项，新建文件的背景将以透明状态显示。

⑥"高级"：单击【高级】按钮展开如图6-19所示的高级设置选项。

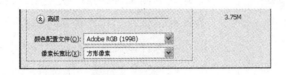

图6-19　新建文件设置选项

通过高级选项可以设置新建文件采用的色彩配置文件和像素排列方式。

（2）打开文件。

选择菜单栏中的【文件】—【打开】命令，打开如图6-20所示的"打开"对话框，在其中可以选择打开合适格式的图像文件，单击【打开】按钮，即可打开目标文件。"打开"对话框中各项的含义如下：

①"查找范围"：在下拉列表框中选择需要打开的文件所存储的路径。

②"文件名"：显示所选目标文件的名称，并且在对话框下方空白处显示选中图形文件的缩览图和大小。

③"文件类型"：可以设定当前路径中所需显示的文件类型，默认为"所有格式"，即显示所有图形文件。

（3）关闭文件。

关闭当前文件通常有以下两种方法：

①选择菜单栏中的【文件】—【关闭】命令。

②单击图像文件窗口右上方的"关闭"按钮，如图6-21所示。

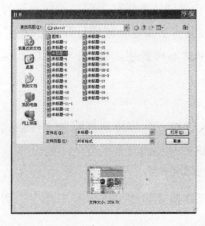

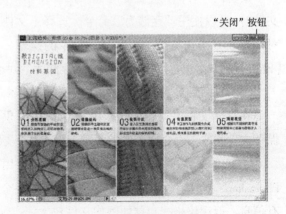

"关闭"按钮

图6-20　打开文件

图6-21　关闭文件

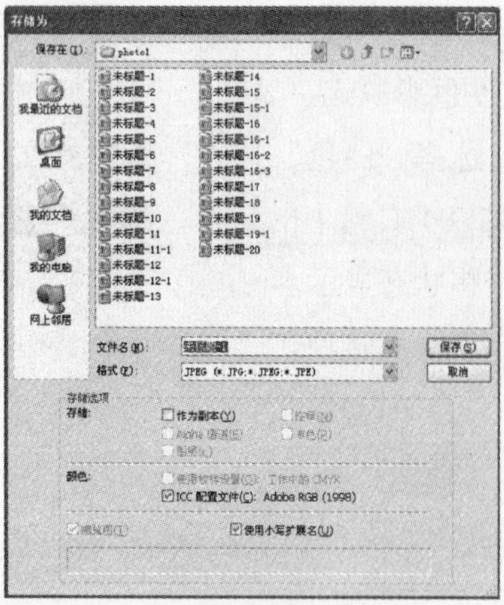

图6-22　存储

（4）保存文件

对于新建文件或修改后的文件，如果要保存得到的效果，可选择文件存储命令，以保存图像文件，下面介绍两种常用的保存文件方法。

①使用"存储"命令存储："存储"命令可以将当前打开的文件保存在其原存储位置上。使用"新建"命令建立的新文件，第一次使用存储命令时会打开"存储为"对话框，当再次使用存储命令时，会以第一次的存储设置保存该文件，不会再弹出"存储为"对话框。

• 对新建文件第一次选择"存储"命令的操作如下：

选择【文件】—【存储】命令，打开如图6-22所示的"存储为"对话框。

在"存储为"对话框中将各个选项设置好，单击【保存】按钮，即可保存该文件。

• "存储为"对话框中各项的含义如下：

"保存在"：单击该项右侧的下拉按钮，在弹出的下拉列表中设置保存图形文件的位置。

"文件名"：设置文件的名称。

"格式"：设置文件的格式。

"作为副本"：将文件保存为文件副本，即在原文件名称基础上加"副本"两字保存。

"注释"：用于决定文件中含有注释时，是否将注释也一起保存。

"Alpha 通道"：用于决定文件中含有 Alpha 通道时，是否将 Alpha 通道一起保存。

"专色"：用于决定文件中含有专色通道时，是否将专色通道一起保存。

"图层"：用于决定文件中含有多个图层时，是否合并图层后再保存。

"颜色"：为保存的文件配置颜色信息。

"缩览图"：为保存的文件创建缩览图，在默认情况下，Photoshop 自动为其创建。

"使用小写扩展名"：用小写字母创建文件的扩展名。

②使用"存储为"命令存储：需要使用新的文件名或存储位置保存当前已经保存过的文件时，可以使用"存储为"命令。选择【文件】—【存储为】命令会同样打开"存储为"对话框，其操作与使用"存储"命令的操作一样，这里就不再赘述。另外，按【Ctrl】+【Shift】+【S】组合键可快速调出"存储为"对话框。

（5）了解图像的存储格式。

在存储文件时可以发现，Photoshop 中提供了多种文件格式，应该选择哪种文件格式保存文件呢？下面介绍图像的各种存储格式，看看哪些格式是我们经常需要使用的。

① PSD 格式：这是 Photoshop 软件的专用格式，它支持网络、通道、图层等所有 Photoshop 的功能，可以保存图像数据的每一个细节。PSD 格式虽然可以保存图像中的所有信息，但用该格式存储的图像文件较大。

②BMP 格式：这种格式也是 Photoshop 最常用的点阵图格式，BMP 格式的文件扩展名为".bmp"，此种格式的文件几乎不压缩，占用磁盘空间较大，支持 RGB、索引、灰度和位图色彩模式，但不支持 Alpha 通道。

③GIF 格式：这种格式的文件压缩比比较大，占用磁盘空间小，是一种压缩的位图格式，支持位图模式、灰度模式和索引颜色模式。

④EPS 格式：EPS 格式为压缩的 PostScript 格式，是为在 PostScript 打印机上输出图像而开发的格式。其最大优点在于可以在排版软件中以低分辨率预览，而在打印时以高分辨率输出。它不支持 Alpha 通道，可以支持裁切路径。

EPS 格式支持 Photoshop 的所有颜色模式，可以用来存储位图图像和矢量图形，在存储位图图像时，还可以将图像的白色像素设置为透明的效果，它在位图模式下也支持透明效果。

⑤JPEG 格式：JPEG 格式的文件扩展名为".jpg"，压缩比可大可小，支持 CMYK、RGB 和灰度的色彩模式，但不支持 Alpha 通道。此种格式可以不同的压缩比对图像文件进行压缩，可根据需要设定图像的压缩比。

⑥PDF 格式：PDF（Portable Document Format）是 Adobe Acrobat 所使用的格式，这种格式是为了能够在大多数主流操作系统中查看该文件。PDF 格式是保存包含图像和文本图层的格式，这种图像数据常常使用 JPEG 压缩格式，同时它也支持 ZIP 压缩格式，以 PDF 格式保存的数据可以通过万维网（World Wide Web）传递，或传递到其他 PDF 文件中，以 Photoshop PDF 格式保存的文件可以是位图、灰阶、索引色、RGB、CMYK 以及 Lab 颜色模式，但不支持 Alpha 通道。

⑦PNG 格式：PNG 格式的文件扩展名为".png"。该格式的图像文件主要用于在因特网上无损压缩和显示图像，它支持 24 位图像并能产生无锯齿状边缘的背景透明度，PNG 格式支持无 Alpha 通道的 RGB、索引颜色、灰度和位图模式的图像，可以保留灰度和 RGB 图像中的透明度。

⑧TIFF 格式：该格式用于在不同应用程序和操作系统平台之间交换文件，常用的图像软件和扫描仪一般都支持该格式。

⑨Targa 格式：Targa(TGA) 格式专用于使用 Truevision 视频板的系统，MS-DOS 色彩应用程序普遍支持这种格式。该格式支持一个单独 Alpha 通道的 32 位 RGB 文件以及无 Alpha 通道的索引、灰度模式、16 位和 24 位 RGB 文件。

⑩PSB 格式：大型文档格式 (PSB) 支持宽度或高度最大为 300000 像素的文档，支持所有 Photoshop 功能 (如图层、效果和滤镜)，可以将高动态范围 32 位 / 通道图像存储为 PSB 文件。目前，如果以 PSB 格式存储文档，存储的文档只能在 Photoshop CS 或更高版本中才能打开。其他应用程序和 Photoshop 的早期版本无法打开以 PSB 格式存储的文档。

Photshop 所兼容的格式有 20 余种之多，但并不是对任何格式的图像都能处理。所以在使用其他程序制作完图像后，需要将图像存储为 Photoshop 能处理的格式，如 TIFF、

JPEG、GIF、EPS、BMP、PNG 等。

2. 常用编辑命令的基础操作

在实际工作中，有些编辑命令使用得很频繁，如剪切、复制和粘贴；有些编辑命令则被忽视，如合并拷贝、贴入等。下面就针对这些常用编辑命令的操作进行讲解，并介绍命令的使用。

（1）撤销和返回。

在编辑过程中经常用到撤销和返回命令，它能轻松地对编辑过程进行控制。其不但能够对编辑的内容进行重复性撤销返回观看，还能进行多次撤销和返回。撤销和返回共有 3 个命令，如图 6-23 所示。

①还原：还原命令只能还原和重复操作一次。在默认状态下，还原命令不可用，如图 6-24 所示。当进行一次操作后，该命令将变成"还原……"。例如新建一个图层后，该命令将变成"还原新建图层"状态，如图 6-25 所示。若选择了"还原新建图层"命令，此命令将变成"重做新建图层"状态，如图 6-26 所示。一般在操作中使用快捷键【Ctrl】+【Z】进行还原操作。反复选择此命令，将在"还原……"和"重做……"之间来回切换。

②"前进一步"和"后退一步"："前进一步"和"后退一步"也是用于撤销和返回

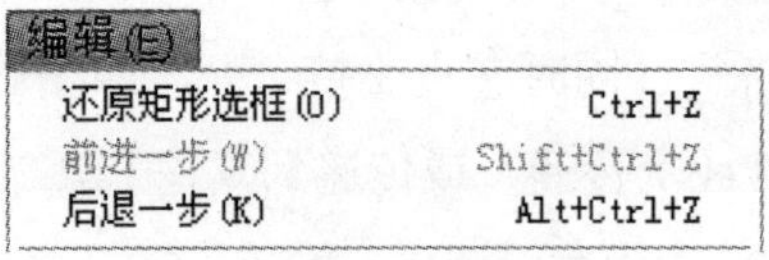

图6-23　撤销和返回 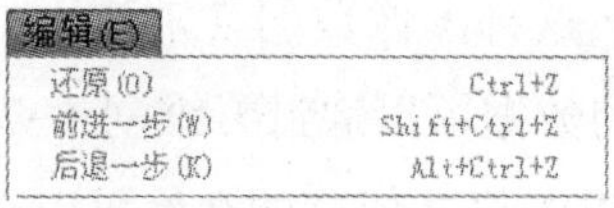　　　　　　　　　　图6-24　默认状态

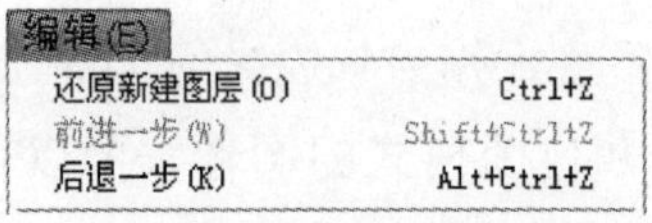

图6-25　还原　　　　　　　　　　　　　图6-26　重做

的操作，与还原命令不同的是，这两个命令可以进行多次还原和重做，用户可自行在"编辑／首选项／性能"的历史记录状态中设置还原的次数，默认值为 20。

默认状态下，"前进一步"命令不可用，只有在进行一次"后退一步"命令操作后，"前进一步"命令才可用。一般在选择"前进一步"或"后退一步"命令撤销时，分别常用快捷键【Shift】+【Ctrl】+【Z】或【Alt】+【Ctrl】+【Z】来进行操作。

（2）剪切、拷贝和粘贴。

剪切、拷贝、粘贴是 Photoshop 中的基本编辑命令，这些命令虽然简单，但在实际操作中的作用却相当大，举例说明如下。

①按【Ctrl】+【O】组合键打开素材中的"人物"文件，如图 6-27 所示。

②按【Ctrl】+【O】组合键再打开素材中的"色彩"文件，如图 6-28 所示。

③选择工具箱中的魔棒工具，在其选项栏中设置"容差"值为5。

图6-27　人物素材　　　　图6-28　色彩素材

④移动鼠标指针到图片的空白处单击，按【Shift】键将所有白色背景全部选中，如图 6-29 所示。

⑤执行【选择】—【反向】命令，将图像反向选取——即将人物部分用选区选中，如图 6-30 所示。

⑥执行【编辑】—【剪切】命令，如图 6-31 所示。

图6-29　魔棒工具应用　　　　　图6-30　反向应用　　　　　图6-31　剪切应用

选择"剪切"命令是将选区范围内的图像剪切掉，并放入 Windows 剪贴板。所以，剪切影响原图像的效果。它的快捷键是【Ctrl】+【X】。

选择"拷贝"命令是将选区范围内的图像拷贝到 Windows 剪贴板中。所以，拷贝不影响原图像的效果。它的快捷键是【Ctrl】+【C】。

使用剪切或拷贝命令将图像复制到 Windows 剪贴板中后，可进行多次粘贴使用。粘贴的快捷键是【Ctrl】+【V】。

⑦按【Ctrl】+【O】组合键打开素材中的"背景"文件，选择【编辑】—【粘贴】命令，将刚才剪切的图像粘贴到文件中。选择工具箱中【移动工具】，在人物图像上按下鼠标左键并拖动，调整人物图像的位置，如图 6-32 所示。

⑧选择工具箱中的矩形选框工具，选择图像范围，如图 6-33 所示。

图6-32 粘贴应用

图6-33 矩形选框应用

⑨执行【编辑】—【拷贝】命令。

⑩单击"背景"文件，切换到"背景"文件中。选择【编辑】—【粘贴】命令，将刚才拷贝的图像粘贴到"背景"文件中，选择工具箱中移动工具，在人物上按下鼠标左键并拖动调整其位置，如图 6-34 所示。

至此，我们就成功地运用了剪切、拷贝和粘贴命令完成本实例。

图6-34 粘贴应用

（3）合并拷贝和贴入。

合并拷贝命令和贴入命令也是用于复制和粘贴的操作,但又不同于普通的复制和粘贴,下面分别予以介绍。

①合并拷贝:"合并拷贝"可以在不影响原图像的情况下,将所有图层中的图像进行复制,而普通的复制只能复制当前某个图层中的内容。合并拷贝的优点就在于它可以在不破坏图层关系的基础上进行整体复制,举例说明如下。

• 按【Ctrl】+【O】组合键打开素材中的"主流趋势"文件(此文件是一个拥有5个图层的PSD格式文件),如图6-35和图6-36所示。现在要在不影响图层的情况下,将文件中的部分图像拷贝到一个新文件中。

• 选择工具箱中的矩形选框工具, 在其选项栏中设置"羽化"值为0px。

图6-35　主流趋势素材　　　　　　　　　　图6-36　图层

• 按住鼠标左键在图像中拖动,将需要复制的部分选中,如图6-37所示。

• 选择菜单中的【编辑】—【合并拷贝】命令,将选区中所有图层中的图像合并拷贝到Windows剪贴板中。

图6-37　矩形选框

• 按【Ctrl】+【N】组合键新建一个文件，之后选择【编辑】—【粘贴】命令，此时就将所有图层中所选的图像全部复制到新建的文件中了，效果如图 6-38 所示。

②贴入："贴入"命令可以将复制或剪切的图像放到某个选择的选区中，如果将贴入

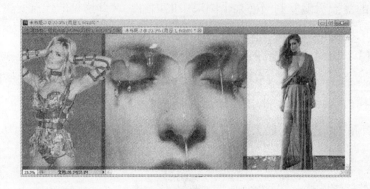

图6-38　粘贴应用

的图像移出选区范围，贴入的图像将不显示。举例说明如下。

• 按【Ctrl】+【O】组合键打开素材中的"文字"文件,并确定在"文字"图层上工作。按【Ctrl】+【A】组合键将文字选中, 如图 6-39 和图 6-40 所示, 然后选择【编辑】—【拷贝】命令, 将文字拷贝到 Windows 剪贴板中。

• 按【Ctrl】+【O】组合键打开素材中的"立构"文件, 如图 6-41 所示。

图6-39　文字素材

图6-40　图层

图6-41　立构素材

• 选择工具箱中的魔棒工具，在其选项栏中设置"容差"值为 27，并勾选"连续"复选框，如图 6-42 所示。

• 移动鼠标指针到左上角的位置单击一下，将图 6-43 所示的部分选中。

图6-42　魔棒选项

● 选择【编辑】—【贴入】命令，即可将拷贝的图像贴入到选择的选区通道中，效果如图 6-44 所示。

● 选择工具箱中移动工具 ，在文字上按下鼠标左键并向下拖动，调整文字的位置。当文字移出刚才选中的范围时，文字不显示，效果如图 6-45 所示。

（4）自由变换。

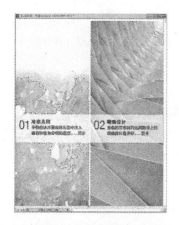  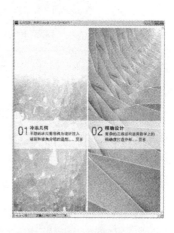

图6-43　魔棒选取　　　　　　　图6-44　贴入应用　　　　　　图6-45　贴入移出选择区

自由变换可以对整个图像、某个选区范围、某个图层或某段路径等进行缩放、旋转、斜切、扭曲。

①按【Ctrl】+【O】组合键打开素材中的"图形"文件，如图 6-46 所示。

②选择【编辑】—【自由变换】命令，此时图像的周围出现了控制框，如图 6-47 所示。在"自由变换"命令状态下，可对对象进行相应的编辑和变化。

图6-46　图形素材　　　　　　　图6-47　自由变换

在"自由变换"命令状态下，几种常用的操作方法如下。移动位置：将鼠标指针移到控制框内，当鼠标指针变为箭头形状时，按住鼠标左键并拖动即可移动图像。

水平或垂直缩放：将鼠标指针移到某条边中间的控制点上，当鼠标指针变为箭头形状时，按住左键并拖动鼠标，上、下或左、右拖动控制点，即可对图像进行垂直或者水平方向的缩放，如图 6-48 所示。

图6-48 水平、垂直缩放

任意和等比例缩放：将鼠标指针移到四个顶角的某个控制点上，等鼠标指针变为箭头形状时，按住左键并拖动鼠标，拖动控制点可对图像进行任意缩放变形。此时若按住【Shift】键拖动鼠标，可对图像进行等比例缩放；若按住【Shift】+【Alt】组合键拖动鼠标，图像将以调节中心点为基准等比例缩放。

自由旋转：将鼠标指针移至控制框的边线上，当鼠标指针显示为弧形的双向箭头形状时，按住左键以顺时针或逆时针方向拖动鼠标，图像将以调节中心点为中心进行自由旋转。若按住【Shift】键旋转图像，可使图像按15°角的倍数进行旋转，如图6-49所示。

斜切：按住【Ctrl】+【Shift】组合键，移动鼠标指针到控制框边中间的某个调节点上，当鼠标指针变为箭头形状时，按住左键拖动鼠标，可以对图像进行平行四边形的斜切操作，如图6-50所示。

扭曲：移动鼠标指针到顶角的调节点上，当鼠标指针变为箭头形状时，按住【Ctrl】键再按住左键并拖动鼠标，可对图像进行扭曲变形的操作，如图6-51所示。

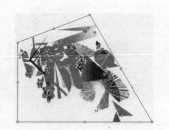

图6-49 旋转　　　　　　　　图6-50 平行移动　　　　　　　　图6-51 扭曲

透视：移动鼠标指针到任意顶角的调节点上，当鼠标指针变为箭头形状时，按住【Ctrl】+【Alt】+【Shift】组合键，再按住左键并拖动鼠标，可使图像产生透视效果，如图6-52所示。

③确定移动的位置、水平或垂直缩放、任意和等比例缩放、自由旋转、斜切、扭曲或透视后，在控制框内双击鼠标或者按【Enter】键，都可应用所进行的变换。

④在进行自由变换操作时，除了上述介绍的操作外，还可以使用快捷菜单进行操作。

在自由变换的控制框内或控制框外单击鼠标右键，会弹出自由变换的快捷菜单，如图6-53所示。通过它还可以进行翻转操作。

通常执行"自由变换"命令用快捷键【Ctrl】+【T】。

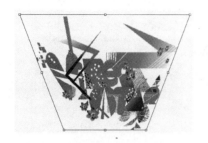

图6-52　透视

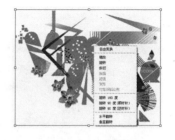

图6-53　快捷菜单

　　在自由变换整个图像时，如果这幅图像在"背景"图层上，则【编辑】—【自由变换】命令不可用。

（5）变换。

　　使用变换命令同样可以进行各种变换操作。选择【编辑】—【变换】命令，将打开"变换"菜单中的子菜单，如图6-54所示。在其中选择某一命令，即可执行相应的变换操作。其次，变换命令还可以将图像再次变换、变形、旋转180°、顺时针旋转90°、逆时针旋转90°、水平翻转和垂直翻转，各命令的具体作用如下。

　　• 再次：可重复选择上次的变换操作。

　　• 变形：允许用户拖动控制点变换图像的形状或路径的形状。

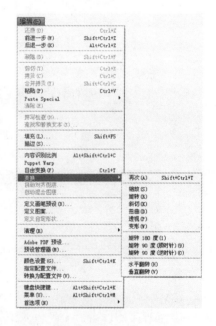

图6-54　变换

　　• 旋转180°：将整个图像旋转180°。

　　• 顺时针旋转90°：将图像顺时针旋转90°。

　　• 逆时针旋转90°：将图像逆时针旋转90°。

　　• 水平翻转：对图像进行水平翻转。

　　• 垂直翻转：对图像进行垂直翻转。

（6）内容识别比例缩放。

　　内容识别比例缩放方式是一种智能感知缩放方式，可以对细节部分比较少的区域进行较大的缩放，而对细节比较多的地方进行较小的缩放。对于一些人物的色彩相貌还可以自动识别，并进行相应的保护，这些智能功能大大减轻了设计师的负担，很多地方用这些先进的功能实现就可以了。需要注意的是，内容识别比例缩放只能对普通图层进行操作，不能对背景图层进行操作。举例说明如下。

①按【Ctrl】+【O】组合键打开素材中的"气泡"文件，如图6-55所示。此张图细节较多的部分是一个气泡，细节较少的部分是水中背景。

②此文件只包含一个"背景"图层，如图6-56所示。

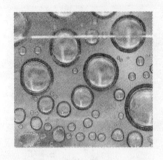

图6-55 "气泡"素材

图6-56 图层

③选择【图层】—【新建】—【背景图层】命令，在弹出的"新建图层"对话框中保持默认参数，如图6-57所示。

④单击【确定】按钮，将"背景"图层转换为普通图层——"图层0"，如图6-58所示。

图6-57 背景图层

图6-58 图层

⑤选择【图像】—【画布大小】命令，在弹出的"画布大小"对话框中首先单击【左定位】按钮，然后将"宽度"改为12cm，如图6-59所示。单击【确定】按钮，将画布以左侧为基准向右扩展宽度，效果如图6-60所示。

图6-59 画布大小

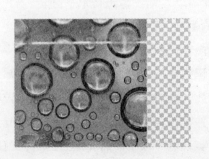

图6-60 画布扩展

⑥选择【编辑】—【内容识别比例】命令，移动鼠标指针到右侧的控制框上，当鼠标指针变为双箭头形状时，按住左键向右拖动，将图像水平放大，如图6-61所示。

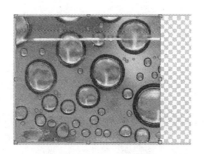

图6-61　内容识别比例

⑦单击选项栏中的【进行变换】按钮，确认变换图像，内容识别比例缩放效果如图6-62所示。

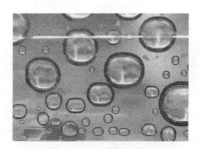

图6-62　内容识别比例缩放效果

思考与练习

1. 创建选区后，图像的哪些区域能够被编辑？

2. "快速选择工具"与"魔棒工具"相比有什么不同？

第七章 Photoshop图像与工具操作

一、绘制工具

Photoshop 中的绘画工具有很多，本节将重点介绍其中的几个。利用它们不仅可以绘制出简洁的线条，还可以填充大面积的色彩。

1. 画笔工具

画笔工具 最主要的功能是用来绘制图像，用户不但可以使用 Photoshop 自带的笔触进行绘制，而且还可以自行定义画笔，非常灵活易用。

（1）使用画笔。

①选择工具箱中的画笔工具 ，如图 7-1 所示。

图7-1 画笔工具

②单击其选项栏中的【画笔】选项，打开"画笔预设面板"，在其中选择一个笔触，如图 7-2 所示。

③拖动"画笔预设面板"中的"主直径"和"硬度"上的滑块，调整至合适的大小和硬度，如图 7-3 所示。

④根据需要调整选项栏中的"模式"、"不透明度"、"流量"等参数后，移动鼠标指针到图像窗口内，单击或按住鼠标左键并拖动，即可绘制出所设置的笔触，如图 7-4 所示。

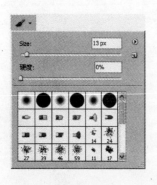
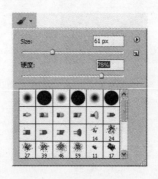
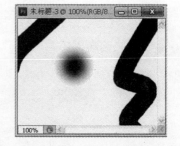

图7-2 画笔预设面板　　　　图7-3 面板设置　　　　图7-4 画笔笔触

（2）定义画笔。

如果 Photoshop 中的预设画笔笔触不能满足需求，用户还可以自己定义画笔，以满足不同设计的需要。

①按【Ctrl】+【O】组合键打开一幅图像，如素材中的"线条"文件，如图 7-5 所示。

②选择【编辑】—【定义画笔预设】命令，打开"画笔名称"对话框，输入名称"线条"，如图7-6所示。单击【确定】按钮。

图7-5　线条　　　　　　　　　　　　　　　　图7-6　画笔预设

③选择工具箱中的画笔工具 ，在其选项栏中选择刚才定义的"线条"画笔，如图7-7所示。

④单击工具箱中的【前景色】按钮，在弹出的"拾色器"对话框中设置颜色为黑色 (R：0，G：0，B：0)。

⑤移动鼠标指针到图像窗口内，按住鼠标左键并拖动，即可绘制出刚才定义的画笔效果，如图7-8所示。

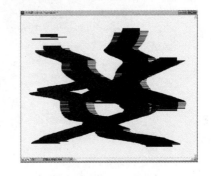

图7-7　选择预设画笔　　　　　　　　　　图7-8　画笔绘制

（3）画笔面板。

在"画笔"面板中可以对画笔进行更细致的设置，从而设置出更多的画笔形状和效果。

①单击工具箱中的画笔工具 并单击【切换画笔面板】按钮，或选择【窗口】—【画笔】命令，调出"画笔"面板，如图7-9所示。按【F5】键可快速调出"画笔"面板。

②选择"画笔"面板左侧的"画笔预设"选项，在"画笔"面板右侧可选择预设画笔，并可对主直径大小进行设置，如图7-10所示。

2. 历史记录画笔工具

使用历史记录画笔工具 可以恢复到历史记录中的某一操作步骤，该工具常结合历史记录调板一起使用。灵活地使用它还可以制作出具有特别效果的图像，举例说明如下。

①按【Ctrl】+【O】组合键打开素材中的"服装款式"文件，如图7-11所示。

②选择【滤镜】—【风格化】—【凸出】命令，在弹出的"凸出"对话框中设置"类

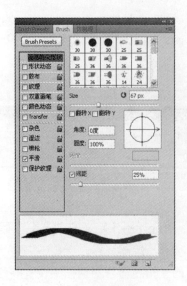

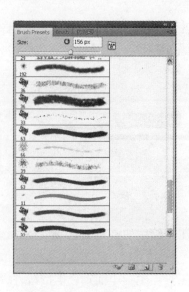

图7-9 画笔面板　　　　　　　　　　图7-10 画笔预设

图7-11 服装款式

型"为"块","大小"为30像素,"深度"为30,选择"随机"按钮,单击【确定】按钮,如图 7-12 所示。此时,图像效果如图 7-13 所示。

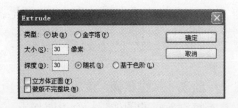

图7-12 "凸出"对话框　　　　　　图7-13 "凸出"应用

滤镜是 Photoshop 中一个比较有特色的功能,可以制作出很多图像效果。

③选择工具箱中的历史记录画笔工具 。

④在其选项栏中设定合适的柔角笔头、大小以及"不透明度"等参数,如图 7-14 所示。

图7-14　历史记录画笔选项

⑤选择【窗口】—【历史记录】命令,打开"历史记录"面板,设置历史记录画笔源在"打开"这一步,如图 7-15 所示。

⑥移动鼠标指针到图像上,按住鼠标左键在右边的面料和人物款式上拖动,拖动过的地方恢复到了打开时的最初样子。效果如图 7-16 所示。

图7-15　历史记录

3. 渐变工具

"渐变工具"主要用于在图像文件中创建各种各样的渐变颜色,包括"线性渐变"、"径向渐变"、"角度渐变"、"对称渐变"和"菱形渐变"五种渐变方式。其使用方法举例说明如下。

①按【Ctrl】+【O】组合键打开素材中的"图形"文件,如图 7-17 所示。

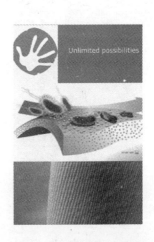

图7-16　历史记录画笔部分应用　　　图7-17　"图形"素材

②在图层中增加一新图层"图层 1",如图 7-18 所示。选择工具箱中的椭圆选框工具 ,按【Shift】键绘制正圆,创建一个圆形选区。

③选择工具箱中的渐变工具,在选项栏中选择"径向渐变",如图 7-19 所示。单击渐变栏,弹出"渐变编辑器"对话框,如图 7-20 所示进行设置。在选区中按住鼠标左键并拖动,如图 7-21 所示。

图7-18　图层1

图7-19　渐变选项

图7-20　渐变编辑器

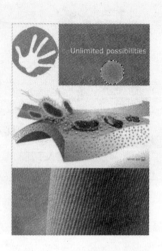

图7-21　"径向渐变"应用

④在图层中增加一新图层"图层2"，如图7-22所示。选择工具箱中的套索工具，绘制选区，如图7-23所示。在菜单栏中选【选择】—【修改】—【羽化】命令，弹出"羽化"对话框，设定数值为3像素。

图7-22　图层2

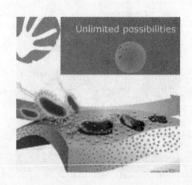

图7-23　套索工具

⑤设定工具箱中的"前景色"为白色，如图7-24所示，按【Alt】+【Backspace】填充前景色，得到如图7-25所示的效果。

⑥在"图层"面板展开命令中选择"向下合并"，合并"图层1"、"图层2"，如图7-26所示。在菜单栏中选【编辑】—【自由变换】命令，调整气泡大小。

⑦在"图层"面板中复制"图层1"，形成"图层1副本"图层，使用工具箱中的移动工具，移动气泡图层。使用菜单栏中【图像】—

图7-24　前景色设定

【调整】—【色相】—【饱和度】命令，调整气泡颜色，如图 7-27 所示。

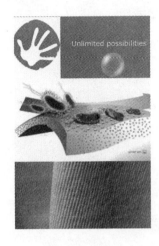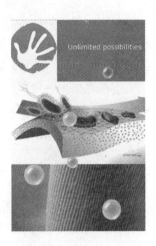

图7-25　填色　　　　　　　　图7-26　合并图层　　　　　　图7-27　色相—饱和度

二、修饰工具

修饰工具是 Photoshop 处理图像的一个重要组成部分，可以为图像弥补一些缺陷和润色等，从而提高图像的质量。当然，修饰工具的数量也是相对较多的，有污点修复画笔工具、修复画笔工具等 12 种。

1. 污点修复画笔工具

污点修复画笔工具可以快速去除图像中的污点或其他不需要的图像区域，是利用图像或图案中的样本像素进行修复。该工具将样本像素的纹理、光照、透明度和阴影与所修复的像素相匹配。

①按【Ctrl】+【O】组合键打开素材中的"数维"文件，如图 7-28 所示。此照片中有一些小的污点，现在要用污点修复画笔工具将污点去掉。

②选择工具箱中的污点修复画笔工具，在其选项栏中设置"画笔大小"为 8 像素，并选择"近似匹配"类型，如图 7-29所示。

图7-28　"数维"素材

图7-29　污点修复画笔选项

③移动鼠标指针到需要修复的污点上单击，或单击并拖动。

④使用"污点修复画笔工具"修复后的图像效果如图 7-30 所示。

2.图案图章工具

利用工具面板中的图案图章工具，可以将系统预设的图案或用户自定义的图案快速复制到图像中，它与仿制图章工具的取样方式不同。

①按【Ctrl】+【O】组合键打开素材中的"图案"文件，如图7-31所示。

②选择矩形选框工具，并用"矩形选框工具"将要定义为图案的图像框选。定义图案时，必须使用矩形选框工具，其他选取工具不能用来定义图案。

③选择菜单栏中的【编辑】—【定义图案】命令，如图7-32所示。

图7-30　"污点修复画笔"应用　　　图7-31　"图案"素材　　　图7-32　定义图案

④在弹出的对话框中将定义的图案命名为"图案"，并单击【确定】按钮，如图7-33所示。

⑤选择工具箱中的图案图章工具，如图7-34所示。

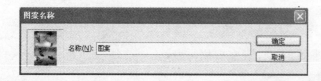

图7-33　"定义图案"对话框　　　　　　图7-34　图案图章工具

⑥在图案图章工具选项栏的图案选项中选择刚才定义的图案，如图7-35所示。

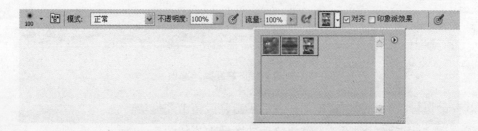

图7-35　"图案图章"选项

⑦按【Ctrl】+【N】组合键新建一个空白文件，移动鼠标指针到这个新文件中拖动，即可用定义的图案制作出如图 7-36 所示的效果。

3. 涂抹工具

涂抹工具  用于将涂抹区域周围的像素混合起来，产生一种类似于用毛笔在未干的油墨上拖过的特殊效果，举例说明如下。

①按【Ctrl】+【O】组合键打开素材中的"人物"文件，如图 7-37 所示。

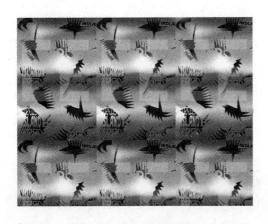

图7-36 图案图章应用

图7-37 "人物"素材

②选择工具箱中的"涂抹工具" ，如图 7-38 所示。

③在图像窗口内单击鼠标右键，打开画笔预设选取器，并选择合适的笔头大小，如图 7-39 所示。

④勾选"手指绘画"复选框，相当于用手指蘸着前景色在图像中进行涂抹；不勾选该复选框，将只是以拖动图像处的色彩进行涂抹，如图 7-40 所示。

图7-38 涂抹工具

图7-39 "涂抹"对话框

图7-40　"涂抹"选项

⑤移动鼠标指针到人物头发处，按住鼠标左键重复拖放，便可制作出手指涂抹的效果，如图7-41所示。

4. 加深工具

加深工具可以改变图像特定区域的曝光度，使图像变暗，举例说明如下。

①按【Ctrl】+【O】组合键打开素材中的"面料"文件，如图7-42所示。

图7-41　"涂抹"应用

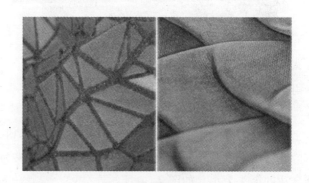

图7-42　"面料"素材

图7-43　加深工具

②选择工具箱中的"加深工具" ，如图7-43所示。

③在"加深工具" 的选项栏中设置画笔，范围为"中间调"，曝光度为"50%"，勾选"保护色调"复选框，如图7-44所示。

•"喷枪"按钮：默认状态下，单击此按钮可启用喷枪功能。

图7-44　"加深"选项

•"保护色调"：勾选此复选框，可以防止颜色发生色相偏移，从而保护图像的色调。

④移动鼠标指针到面料的阴影部位进行涂抹即可加强面料的阴影效果，如图7-45所示。

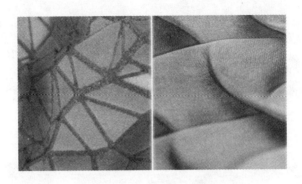

图7-45　"加深"应用

三、文字工具

Photoshop 的文字工具分为两种，一种是文字工具，一种是文字蒙版工具，它们分别用来输入文字和建立文字选区。本节介绍文字的输入以及对文本的编辑。

1. 输入文字

在 Photoshop 中，利用文字工具不仅可以输入横排或直排文字，还可以输入横排或直排文字选区。右键单击工具箱中的文字工具 **T**，将弹出文字工具组，如图 7-46 所示。其中上面两个为文字工具，下面两个为文字蒙版工具。

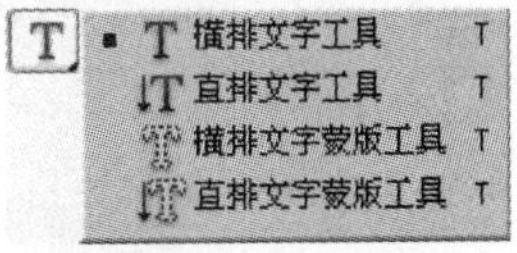

（1）输入普通文字。

图7-46　文字工具

使用文字工具可以输入横排和直排的普通文字，并且在输入文本的同时会自动新建一个文本图层。横排文字工具和直排文字工具的使用方法一样，下面以横排文字工具为例介绍文字工具的输入方法。

①按【Ctrl】+【N】组合键新建一个文件，之后选择工具箱中的横排文字工具 **T**。

②在选项栏中设置"字体"为"黑体"，"字体大小"为"18 点"，"文本颜色"为灰色，其他设置如图 7-47 所示。

图7-47　"文字"选项

图7-48　文字图层

③移动鼠标指针到页面上单击，等光标呈输入状态时输入文字。

④输入文字后，在工具箱中单击其他工具，文字输入完成。此时在图层调板中自动创建了一个文本图层，如图 7-48 所示。

（2）输入文字选区。

文字蒙版工具可以创建出文本的选区，和文字工具一样，文字蒙版工具可以输入横排和直排的文字选区。所不同的是，使用文字蒙版工具创建文字选区后，在图层面板上不会出现新的文本图层。下面具体介绍如何创建文字选区。

①单击工具箱中的"横排文字蒙版工具" ⬚。

②在选项栏中设置"字体"为"华文新魏"，"字体大小"为"30 点"，其他设置如图 7-49 所示。

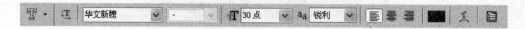

图7-49　"文字蒙版"选项

③移动鼠标指针到页面上单击，等光标变为输入状态时输入文字，如图 7-50 所示。

④确认输入的文字正确无误后，在工具箱中单击其他工具，文字输入完成，如图 7-51 所示。

图7-50　文字输入

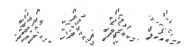

图7-51　文字蒙版应用

直排文字蒙版工具和横排文字蒙版工具的用法相同，在此不赘述。

使用蒙版文字工具输入文字后，不能对文字的字号、间距、行距等进行修改，所以在编辑蒙版文字前，一定要把文字所需的参数设置好。

2. 输入段落文本

段落文本适合输入较多的文字，它能在输入过程中自动换行，并且还可以通过控制点来调整文本框的大小。段落文本的输入方法和普通文字的输入方法相似，举例说明如下。

①选择工具箱中的"横排文字工具" T（或"直排文字工具" IT）。

②在选项栏中设置"字体"为"华文仿宋"，"字体大小"为"18 点"，"文本颜色"为黑色，如图 7-52 所示。

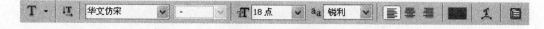

图7-52　"文字"选项

③移动鼠标指针到页面中，按住鼠标左键并拖动，绘制出一个文本框，如图 7-53 所示。

④此时在文本框中出现一个闪烁的光标，输入文字即可完成段落文本的输入，如图 7-54 所示。

图7-53 段落框　　　　　　图7-54 段落文字输入

四、选区

1.创建选区

Photoshop 提供了多种创建选区的图像选取工具，如选框工具 、套索工具 、魔棒工具 、快速选择工具 等，还专门提供了一个"选择"菜单，其中包含了很多对区域选择和编辑的命令。此外，还可以将路径、蒙版和通道转换为选区。

（1）矩形选框工具 。

矩形选框工具 可以创建出矩形选区，其使用方法举例说明如下。

①按【Ctrl】+【O】组合键打开素材中的"色彩"文件，如图 7-55 所示。

②用鼠标右键单击工具箱中的矩形选框工具 ，从弹出的工具组中选择"矩形选框工具"，如图 7-56 所示。

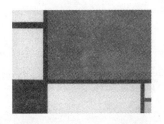
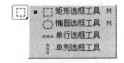

图7-55 "色彩"素材　　　　图7-56 矩形选框

③在"矩形选框"选项栏中单击【新选区】按钮，设置"羽化"值为 0px，"样式"为正常，如图 7-57 所示。在"矩形选框工具"选项栏中，常用的选项如下。

图7-57 "矩形选框"选项

选项栏中的命令分别如下。

•【新选区】：用于创建独立的新选区。如果再次创建一个选区，新选区将代替旧选区。

•【添加到选区】：选择该按钮时，会以添加方式建立新选区。

•【从选区减去】：从原来的选择区域中减去新的选择区域。

•【与选区交叉】：将新的选择区域与原来的选择区域相交的部分作为最终的选择区域。

•【羽化】：通过建立选区和选区周围像素之间的转换边界来模糊边缘。羽化后将丢失选区边缘的一些细节。

•【消除锯齿】：勾选该复选框，可以通过淡化边缘像素与背景像素之间的颜色，使选区的锯齿状边缘平滑。

•【样式】：在此下拉选项中可选择"正常"、"固定比例"或"固定大小"三个样式来创建选区。

•【调整边缘】：单击此按钮，打开"调整边缘"对话框，可对选区边缘进行更细致的调整。

图7-58　矩形选框

④移动鼠标指针到文档窗口内，等鼠标指针变为十字形状时，按住鼠标左键并拖动，创建图7-58所示的矩形选区。

⑤单击工具箱中的画笔工具，并在其选项栏中选择图7-59所示的笔刷。

图7-59　画笔选项

⑥设置工具箱中的"前景色"为白色 (R：255，G：255，B：255)，移动鼠标指针到图像窗口内并按住左键拖动。此时可以很清楚地发现，只有在选区内的区域被涂上了颜色，选区外的区域没有受到影响，如图7-60所示。

（2）多边形套索工具。

多边形套索工具可以创建出由直线连接的多边形选区，其使用方法举例说明如下。

①按【Ctrl】+【O】组合键打开素材中的"面料样本"文件，如图7-61所示。

图7-60　画笔绘制

图7-61　"面料样本"素材

②选择多边形套索工具，在其选项栏中单击【新选区】按钮，设置"羽化"值为0px，如图7-62所示。

③移动鼠标指针到面料边缘的一个起点处单击，如图7-63所示。

④拖动鼠标指针按图7-64所示依次单击左键，最后再回到原处，等鼠标指针旁出现小圆圈后单击鼠标左键，即可创建对该物体的选区。

图7-62 "多边形套索"选项

图7-63 鼠标单击一点

图7-64 多边形套索应用

• 在用多边形套索工具 创建选区的过程中双击鼠标左键，Photoshop会自动将单击处与起点处连接起来，形成封闭的选区。

• 在用多边形套索工具 创建选区的过程中，按【Backspace】键或【Delete】键，可按原来单击的次序逆序撤销绘制的线段。

⑤按【Ctrl】+【O】组合键打开素材中的"色块"文件，如图7-65所示。

⑥使用移动工具 将选中的面料样本拖动到"色块"文件中，如图7-66所示。

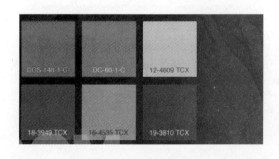

图7-65 "色块"素材

图7-66 移动

⑦选择【编辑】—【自由变换】菜单命令，修改面料样本的大小和位置，效果如图7-67所示。

（3）快速选择工具。

快速选择工具拥有更加智能化的选择功能，用户在使用快速选择工具拖动时，选区会向外扩展并自动查找和跟随图像中定义的边缘，快速地"绘制"出选区。其使用方法举例说明如下。

①按【Ctrl】+【O】组合键打开素材中的"创意"文件，如图7-68所示。

图7-67　自由变换　　　　　　　　　　　图7-68　"创意"素材

②选择快速选择工具 ，在其选项栏中单击【新选区】按钮，并将"画笔"设置为30像素，如图7-69所示。

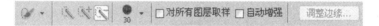

图7-69　"快速选择"选项

③移动鼠标指针到人物并按住鼠标左键拖动，选区便自动跟踪边缘，如图7-70所示。

④按住鼠标左键继续在人物上拖动，将人物全部选中，如图7-71所示。如果自动跟踪的边缘不够准确，可以单击选项栏中的【从选区减去】按钮，去除多余的部分，然后再单击【添加到选区】按钮继续加选区域。

图7-70　快速选择工具选区（一）　　　　图7-71　快速选择工具选区（二）

（4）使用"色彩范围"命令建立选区。

使用"色彩范围"命令建立选区，可以选中已有选区或整个图像中指定的颜色或色彩范围，所创建的选区是根据图片中颜色的分布特点自动生成，其使用方法举例说明如下。

①按【Ctrl】+【O】组合键打开素材中的"头盔"文件，如图7-72所示。

②执行【选择】—【色彩范围】命令，打开"色彩范围"对话框，如图7-73所示。

"色彩范围"对话框在 Photoshop CS5 版本"本地化颜色簇"复选框中，勾选此复选框，用户将以选择像素为中心向外扩散，而不是像之前的版本只对所有颜色进行选择。

③选择"色彩范围"对话框右侧的吸管工具![吸管]，并移动鼠标指针到白色的纹样处单击，选择建立选区的基色，如图 7-74 所示。

图7-72　"头盔"素材　　　　　　图7-73　色彩范围　　　　　　图7-74　选取基色

④拖动"颜色容差"和"范围"下面的滑块，设置所需的容差和范围，如图 7-75 所示。

⑤单击【确定】按钮，即可创建出特定范围内的选区，如图 7-76 所示。

图7-75　色彩范围调整　　　　　　　　　图7-76　选区

2. 调整选区

当所创建的复杂选区不能满足制作需要，这时就要求用户对选区进行相应的调整，如移动、变换、羽化等。

（1）移动选区。

移动选区可以将已创建的选区移动，并且不影响图像内的任何内容。移动选区通常有两种方法，一种是使用鼠标移动，另一种是使用键盘移动，下面分别予以介绍。

①鼠标移动：使用鼠标移动选区时需要注意，只有在选择选框工具![选框]、套索工具![套索]和魔棒工具![魔棒]时才可移动选区，其使用方法举例说明如下。

• 按【Ctrl】+【O】组合键打开素材中的"人物侧面"文件，如图 7-77 所示。

• 选择工具箱中魔棒工具 ，在工作图像上单击白色区域，按【Shift】键可以多选，如图 7-78 所示。图层面板上为一个图层，如图 7-79 所示。

图7-77 "人物侧面"素材

图7-78 魔棒

图7-79 图层1

• 执行菜单栏中的【选择】—【反向】命令，人物图层被选择在选区中，如图 7-80 所示。使用【编辑】—【剪切】命令，在图层面板上人物图层被放置在图层 2 上，如图 7-81 所示。

图7-80 反向

图7-81 图层2

• 按【Ctrl】并点击图层 2，人物图即被选区选中，选择工具箱中的矩形选框工具 [ ]，移动鼠标指针到选区内，当鼠标指针变为箭头形状时，按住鼠标左键并拖动即可移动选区，如图 7-82 所示。

• 在图层面板中增加一新图层 3（图 7-83），设置前景色为灰色（R：116，G：124，B：122），按【Alt】+【Backspace】填前景色，如图 7-84 所示。

②键盘移动：使用键盘移动选区比使用鼠标移动选区要精确，因为每按一下方向键，选区会向相应的方向移动 1 个像素的距离。创建完选区后，默认状态下每按一次方向键即可将选区移动 1 个像素的距离，若按住【Shift】键同时按方向键，则以每次 10 个像素的

<table>
<tr><td>图7-82　选区移动</td><td>图7-83　图层3</td><td>图7-84　填色</td></tr>
</table>

距离移动选区。

（2）变换选区。

使用变换选区命令可以对选区进行自由变换、缩放、旋转等变换操作，其使用方法举例说明如下。

①接着上面的例子继续操作。执行【选择】—【变换选区】命令，选区的四周出现了图 7-85 所示的控制框。

②移动鼠标指针至控制框的外侧，当鼠标指针显示为弧形的双向箭头时，按住左键以顺时针或逆时针方向拖动鼠标，选区将以调节中心点为中心进行旋转，如图 7-86 所示。

③确认所要的选区形状后，在选区内双击鼠标左键或按【Enter】键都可应用变换。

④在图层面板中增加一新图层（图层 4），设置前景色为灰色（R：116，G：124，B：122），按【Alt】+【Backspace】填前景色，如图 7-87 所示。

<table>
<tr><td>图7-85　变换选区</td><td>图7-86　选区旋转</td><td>图7-87　选区填色</td></tr>
</table>

单击鼠标右键，在弹出的快捷菜单中，可以对选区进行相应命令的操作，如图 7-88 所示。

其实"变换选区"和"自由变换"的操作很相似,其他变换选区的操作可仿照自由变换的操作进行。

3. 修改选区

修改选区主要是对当前选区的"边界"、"平滑"、"扩展"、"收缩"以及"羽化"进行修改。这五个命令都位于【选择】—【修改】命令的子菜单中。通过修改选区,可以创建一些特殊的选区,如圆环选区、圆角选区等,其使用方法分别举例说明如下。

(1)"边界":此功能是用扩大的选区减去原选区,使用它可以很轻松地创建框住原选区的条形选区,并且扩大的程度可以自由控制。

①按【Ctrl】+【O】组合键打开素材中的"铜器"文件,再按【Ctrl】+【A】组合键选中整个图像,如图7-89所示。

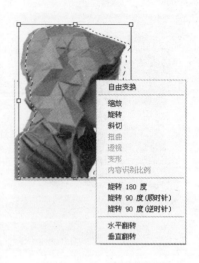

图7-88 选区变换菜单

执行【选择】—【全部】命令会将整个图像用选区全部选中,其快捷键是【Ctrl】+【A】。

②单击"图层"面板底部的"创建新图层"按钮,新建一个"图层2"图层,如图7-90所示。

③在"图层2"图层上工作。执行【选择】—【修改】—【边界】命令,从弹出的"边界选区"对话框中设置"宽度"为30像素,如图7-91所示。

④单击【确定】按钮,修改后的选区边界如图7-92所示。

图7-89 全选

图7-90 图层

图7-91 边界选区设置

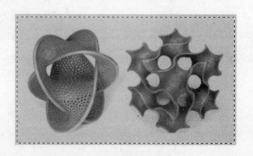

图7-92 边界选区应用

⑤选择【编辑】—【填充】菜单命令，在弹出的"填充"对话框中设置"使用"为"黑色"，单击【确定】按钮。制作出一个简单的边框，效果如图7-93所示。

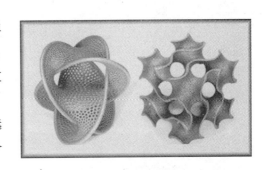

图7-93　边框

（2）"平滑"：通过改变取样的半径来改变选区的平滑程度，具体的操作方法与"边界"命令的操作方法相似，效果对比如图7-94所示。

（3）"扩展"：将当前选区按照设定的数值向外扩展，数值越大，扩展的范围越大，取值范围在1～100像素之间，效果对比如图7-95所示。

图7-94　平滑

图7-95　扩展

（4）"收缩"：此命令与"扩展"命令相反，是将当前选区按照设定的数值向内收缩，数值越大，收缩的范围越大，效果对比如图7-96所示。

图7-96　收缩

（5）"羽化"：此命令与前面几个修改选区的命令有些区别，它可以让选区周围的图像逐渐减淡，创建出模糊的边缘效果。数值越大，模糊的程度也就越大，效果对比如图7-97所示。

图7-97　羽化选区

4. 存储和载入选区

创建一个精细的选区往往需要花上很多时间，如果不将其保存，日后一旦再次处理此区域，又要花费一定的时间去创建。存储选区是指将创建的选区保存下来，以方便日后调用；载入选区是指将存储的选区调出来。其使用方法举例说明如下。

图7-98　"器皿"素材

①按【Ctrl】+【O】组合键打开素材中的"器皿"文件，如图7-98所示。

②选择【图像】—【调整】—【阈值】命令，在弹出的"阈值"对话框中设置"阈值色阶"值为105，如图7-99所示。

③单击【确定】按钮，图像效果如图7-100所示。

图7-99　阈值

图7-100　阈值应用

④选择工具箱中的魔棒工具  ，在其选项栏中单击"新选区"按钮，设置"容差"为0，并且不勾选"连续"复选框，如图7–101所示。

图7–101 "魔棒"选项

⑤移动鼠标指针到图像的白色部位单击一下，在菜单栏中执行【选择】—【选取相似】命令，如图7–102所示。将白色区域全部选中，如图7–103所示。

图7–102 魔棒应用 图7–103 选取相似

⑥执行【选择】—【存储选区】命令，打开"存储选区"对话框，并在"名称"后面将该选区命名为"器皿"，如图7–104所示，单击【确定】按钮，将选区保存。

⑦按【Ctrl】+【D】组合键取消选区，并设置工具箱中的前景色为黑色 (R：0，G：0，B：0)，按【Alt】+【Backspace】组合键将前景色填充至"背景"图层中，如图7–105所示。

图7–104 存储选区 图7–105 填色

⑧在菜单栏中执行【选择】—【载入选区】命令，打开"载入选区"对话框，并在"通道"选项中选择"器皿"选项，如图7–106所示。

⑨单击【确定】按钮，将"器皿"选区再次载入到文件中，如图7–107所示。

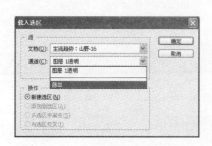

图7-106 载入选区   图7-107 载入选区应用

⑩选择工具箱中的渐变工具 ，设置前景色为墨绿色 (C：88，M：57，Y：100，K：34)，在其选项栏中选择"前景色到背景色渐变"颜色，并单击"线性渐变"按钮，其他设置如图 7-108 所示。

图7-108 "渐变"选项

⑪移动鼠标指针到画面的右上角，按住鼠标左键向左下角拖动，拉出从白色到绿色的线性渐变，如图 7-109 所示。

⑫按【Ctrl】+【D】组合键取消选区，完成图像编辑，如图 7-110 所示。执行【选择】—【取消选择】命令可以将当前的选择区域取消，【Ctrl】+【D】组合键是此命令的快捷键。

图7-109 渐变   图7-110 完成图像

五、其他工具

除了前面介绍的绘画工具、修饰工具和文本工具外，用户还会经常用到一些其他工具，如移动工具 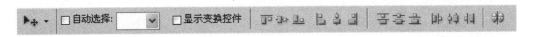、裁剪工具 、注释工具 等。

1. 移动工具

移动工具 是 Photoshop 中应用极为频繁的工具，它的主要作用是对图像或选择区域进行移动、复制和变换等操作。选择工具箱中的移动工具 ，其选项栏如图 7-111 所示。

图7-111　"移动"选项

"对齐"按钮和"分布"按钮中各选项含义如下。

• "自动选择"：勾选此复选框，并选择其后面下拉选项中的"组"或"图层"选项，用移动工具单击图像会自动选择相应的图层或组。

• "显示变换控件"：勾选此复选框，所选对象会被一个矩形虚线定界框包围，拖动定界框的不同位置，可以执行缩放、旋转等操作。

• "对齐"按钮：此组按钮用于对齐图层，从左到右分别是顶对齐、垂直中齐、底对齐、左对齐、水平中齐和右对齐。

• "分布"按钮：此组按钮用于分布图层，从左到右分别是按顶分布、垂直居中分布、按底分布、按左分布、水平居中分布和按右分布。

• "自动对齐图层"按钮：单击此按钮可打开"自动对齐图层"对话框来设置图层的各种对齐。

（1）移动图像。

当用户的文件中有两个以上的图层时，就可以使用移动工具轻松地移动除背景图层以外图层上的图像，举例说明如下。

①按【Ctrl】+【O】组合键打开素材中的"Fish"文件，如图 7-112 所示。此素材是一个包含 8 个图层的 PSD 格式文件，且"RainbowFish"图层处于选中状态（图 7-113）。

②选择工具箱中的移动工具 ，保持其选项栏中的各项为默认状态，如图 7-114 所示。

③移动鼠标指针到中间的"RainbowFish"上，按住鼠标左键拖动，即可移动所选图层上的图像，如图 7-115 所示。使用移动工具移动图像时，按住【Shift】键可沿水平、垂直或 45°五个方向移动。

④单击图层面板中的"ColorfulFish"图层，使"ColorfulFish"图层处于选中状态，移动鼠标指针到中间的"ColorfulFish"上，按住鼠标左键拖动，即可移动所选图层上的图像，如图 7-116 所示。

图7-112　"Fish"素材　　　　　　　　　　　　图7-113　图层

图7-114　"移动"选项

图7-115　移动图层应用（一）　　　　　　　图7-116　移动图层应用（二）

（2）复制图像。

配合【Alt】键，利用移动工具还可以复制图像，举例说明如下。

①接着上面的例子继续操作。移动鼠标指针到"ColorfulFish"图像上并按住【Alt】键，此时鼠标指针变成了双箭头状态。

②按住鼠标左键向左下方拖动"ColorfulFish"图像，图像即被复制到移动的位置，如图7-117所示。在图层中自动形成"ColorfulFish副本"图层，如图7-118所示。

当工具箱中选择的工具不是移动工具时，按住【Ctrl】+【Alt】组合键拖动图像也可复制图像。

2. 裁剪工具

裁剪工具是用来裁切图像的，它可以修剪并调整图片，使图片在设计空间中完整显示。选择工具箱中的裁剪工具，其选项栏如图7-119所示。

图7-117 复制图层　　　　　　　　　　　图7-118 图层

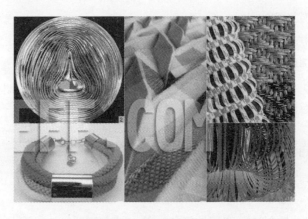

图7-119 "裁剪"选项

"裁剪"选项栏中各选项含义如下。

• "宽度"和"高度"：用于设置裁切区域的宽度和高度。

• "分辨率"：设置要保留的图像分辨率，在其右侧的下拉列表中可以设置单位。

•【前面的图像】：单击此按钮，会在"宽度"、"高度"和"分辨率"文本框中显示当前文件的相应参数。

•【清除】：用于清除选项栏上的各项参数设置。

要使用裁剪工具裁剪图像，只需用裁剪工具框选所需裁剪的区域后按【Enter】键即可，此时裁剪区域以外的部分会被裁剪掉。在确定裁剪前，用户还可以对裁剪框进行旋转、变形和设定裁剪部分的分辨率等操作，具体操作举例说明如下。

①按【Ctrl】+【O】组合键打开素材中"流行预测"文件，如图7-120所示。

图7-120 "流行预测"素材

②选择工具箱中的裁剪工具，并拉出裁剪范围框，如图 7-121 所示。

③按一下【Enter】键，所需的图像被裁剪出来了，如图 7-122 所示。

图7-121 裁剪工具应用   图7-122 裁剪下来的图形

3. 注释工具

注释工具的作用是为图像添加文字说明，以方便用户查看和理解作品的含义，同时也能起到提示的作用。其使用方法举例说明如下。

①按【Ctrl】+【O】组合键任意打开一幅图像，如素材中的"流行色"文件，如图 7-123 所示。

图7-123 "流行色"素材

②用鼠标右键单击工具箱中的吸管工具，从弹出的工具组中选择注释工具，如图 7-124 所示。

③在其选项栏中用户可输入"作者"的名字，如图 7-125 所示。其选项栏中各选项含义如下。

图7-124 注释工具

• 作者：可以输入作者的姓名，在图像文件中添加注释后，作者的姓名将显示在"注释"面板中。

图7-125 "注释"选项

• 颜色：此项用来控制注释图标的颜色，单击其右侧的色块，可打开"选取注释颜色"

对话框。

•【清除全部】按钮：单击此按钮可以清除图像文件中的所有注释，但该按钮只有在有注释时才能启用。

"显示或隐藏注释面板"按钮：单击此按钮可打开或关闭"注释"面板。

④移动鼠标指针到图像上单击，从随即弹出的"注释"面板中输入说明文字即可完成对作品的注释，如图 7-126 所示。用右键单击某目标注释图标，从弹出的快捷菜单中选择"删除注释"选项可删除该注释。

图7-126　注释

思考与练习

1. 打开一幅图像，使用【滤镜】—【风格化】—【凸出】命令进行图像的编辑。

2. "画笔工具"与"历史记录画笔工具"有何不同之处？

第八章　款式效果图的Photoshop应用

　　服装设计效果图，是对设计思想的表达，设计师将设计构思转化为可视形态，使人们能够了解其意图并提出修改意见。服装设计表现贯穿在服装设计的全过程，设计的不同阶段需要不同形式的表现图。设计师在具备良好的专业知识的同时，还要有一定的设计表现能力。

　　Photoshop 服装效果图为现代服装设计中必修课程之一，通过编辑、滤镜等工具在服装效果图中的应用，能产生各种不同的设计效果。通过 Photoshop 服装软件的运用，在服装设计的过程中利用丰富的图像或媒体应用，将给设计者带来更宽广的想象空间和更充足的设计资源。

一、服装效果图Photoshop基本绘制方法

　　（1）按【Ctrl】+【N】键新建一个文件，在弹出的对话框中设置参数，如图8-1所示。选择【工具箱】中的钢笔工具 ，选项栏如图8-2所示，绘制路径如图8-3所示。

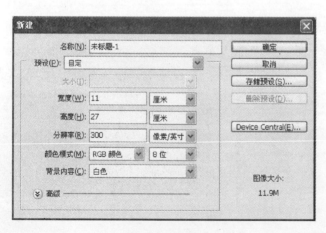

图8-1　新建文件

图8-2　钢笔工具设置

图8-3　绘制路径

　　（2）单击"图层"面板的创建新图层按钮，新建一个图层，图层名称为"图层1"。

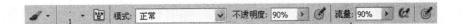

图8-4 画笔工具设置

选择【工具箱】中的画笔工具 ，画笔工具选项栏如图 8-4 所示。设置前景色为黑色，单击"路径"面板，选择"工作路径"，右击，在弹出的下拉菜单中选择【描边路径】命令，弹出"描边路径"对话框，参数设置如图 8-5 所示，按【确定】按钮，得到的效果如图 8-6 所示。

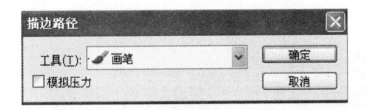

图8-5 "描边路径"对话框

图8-6 描边路径效果

（3）单击"图层"面板底部的创建新组按钮 ，创建图层组"序列 1"。新建一个图层，图层名称为"图层 2"，如图 8-7 所示，选择画笔工具 ，设置画笔工具选项栏，如图 8-8 所示。

图8-7 新建"图层2"

图8-8 "图层2"画笔工具的设置

（4）设置前景色（图 8-9）绘制人物的头发，如图 8-10 所示。选择【工具箱】中的加深工具 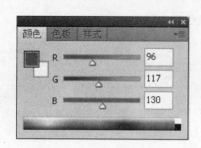，设置加深工具选项栏（图 8-11），得到的效果如图 8-12 所示。

图8-9 "图层2"设置前景色 图8-10 "图层2"绘制头发

图8-11 "图层2"加深工具的设置

（5）新建一个图层，图层名称为"图层 3"，设置前景色如图 8-13 所示。选择多边形套索工具，对图像区域进行选择，按【Alt】+ 退格键进行填色，如图 8-14 所示。使用加深工具，对图像进行修饰，如图 8-15 所示。

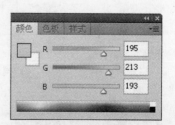

图8-12 "图层2"加深修饰 图8-13 "图层3"设置前景色

图8-14　"图层3"填充前景色　　　　图8-15　"图层3"加深修饰

（6）新建一个图层，图层名称为"图层4"，将此图层放置在"图层2"下方，设置前景色为浅棕色，如图8-16所示。填充人物面部，选择"工具箱"中的减淡工具，和加深工具，分别对人物脸部进行修饰，效果如图8-17所示。

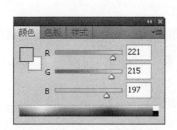 

图8-16　"图层4"设置前景色　　　　图8-17　"图层4"填充颜色

（7）创建图层组"序列2"，新建一个图层，图层名称为"图层5"，如图8-18所示。设置前景色如图8-19所示，使用"工具箱"中的多边形套索工具，对图像区域进行选择，如图8-20所示。按【Alt】+退格键进行填色，得到的效果如图8-21所示。

 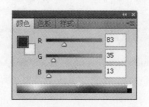

图8-18　"图层5"新建图层　　　　图8-19　"图层5"设置前景色

图8-20　"图层5"选择区域　　　　　　　　图8-21　"图层5"填充颜色

（8）新建一个图层，图层名称为"图层6"，如图8-22所示，图层6在图层5上方。设置前景色如图8-23所示。选择画笔工具 ✎，画笔工具选项栏如图8-24所示。在画笔工具选项栏设置中选择"小型缩览图"，再选取"calligraphic brushes"或者"书法画笔"。可以通过主直径调整笔触的大小。在外套上绘制服装暗部，效果如图8-25所示，图8-26为暗部笔触效果。

（9）新建一图层，图层名称为"图层7"，将此图层放置图层6下方，设置前景色为玫红，如图8-27所示。使用"工具箱"中的多边形套索工具 ☑，对图像区域进行选择，按【Alt】+退格键进行填色，效果如图8-28所示。

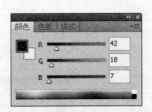

图8-22　新建"图层6"　　　图8-23　"图层6"设置前景色　　　　图8-24　"图层6"笔触设置

图8-25 "图层6"暗
部绘制

图8-26 "图层6"暗
部笔触效果

图8-27 "图层7"设置
前景色

图8-28 "图层7"填
充颜色

（10）选择图层 6，设置前景色如图 8-29 所示。选择画笔工具 ✎，设置画笔工具选项。可以通过主直径调整笔触的大小。绘制服装暗部，效果如图 8-30 所示。

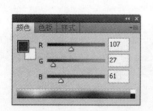

图8-29 设置前景色

图8-30 暗部绘制

（11）创建图层组"序列 3"，新建一个图层，图层名称为"图层 9"，如图 8-31 所示。设置前景色，如图 8-32 所示。使用"工具箱"中的多边形套索工具 ▽，对图像区域进行选择，按【Alt】+退格键进行填色，效果如图 8-33 所示。

（12）新建一图层，图层名称为"图层 10"，将此图层放置在图层 9 上方，设置前景色为深红，如图 8-34 所示。选择画笔工具 ✎，设置画笔工具选项，通过主直径调整笔触的大小。在选项栏进行设置，如图 8-35 所示，绘制服装纹样，效果如图 8-36 所示。

图8-31 新建"图层9"

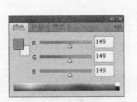

图8-32 "图层9"设置前景色

图8-33 "图层9"填充颜色

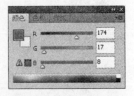

图8-34 "图层10"设置前景色

图8-35 "图层10"画笔工具的设置

图8-36 "图层10"绘制填充

图8-37 "图层10"加深工具的设置

图8-38 "图层10"加深应用

（13）选择"工具箱"中的加深工具，设置加深工具选项，如图8-37所示，效果如图8-38所示。

（14）创建图层组"序列4"，新建一个图层，图层名称为"图层11"。设置前景色分别为玫红和深红，如图8-39、图8-40所示。使用"工具箱"中的多边形套索工具，对图像区域进行选择，按【Alt】+退格键进行填色，并用"工具箱"中的加深工具和减淡工具分别对鞋子进行修饰，得到的效果如图8-41所示。最终效果如图8-42所示。

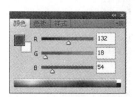

图8-39 "图层11"设
置玫红前景色

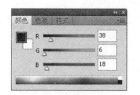

图8-40 "图层11"设
置深红前景色

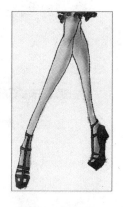

图8-41 修饰鞋子

图8-42 最终效果

二、Photoshop服装图层效果应用

Photoshop 服装效果图的轮廓图操作一般有三种输入方法：第一，路径转换，用钢笔工具绘制服装轮廓图后运用"描边路径"命令把工作路径转换到服装效果图的轮廓图层。第二，扫描输入，用铅笔或钢笔绘制服装轮廓图后由扫描输入，此种方法在设计和制作服装效果图操作中比较常用。第三，光笔输入，接入光笔设备，光笔直接绘制服装轮廓图形，此方法要求操作者能熟练地控制光笔的操作。下面介绍扫描输入后的服装图层效果的应用。

（1）打开【文件】菜单中【导入】选项的扫描仪设备名称，如图 8-43 所示，扫描服装轮廓图。用"工具箱"中的裁切工具裁切画面（图8-44）。【图像】菜单中的【模式】为"RGB 颜色"或"CMYK 颜色"，如图 8-45 所示。

（2）单击背景图层，使用"工具箱"中的矩形选框工具，选取人物图形范围，使用菜单栏【编辑】中的【剪切】命令剪切图像，如图 8-46 所示。使用【编辑】中的【粘贴】命令粘贴图像。"剪切"、"粘贴"前后图层变化分别，如图 8-47 和图 8-48 所示。

（3）新建一个图层，图层名称为"图层 2"，将此图层放置于图层 1 下方，设置前景色为黑色，如图 8-49 所示。使用"工具箱"中的多边形套索工具对图像区域进行选择，如图 8-50 所示。按【Alt】+ 退格键进行填色，效果如图 8-51 所示。

（4）新建一个图层，图层名称为"图层 3"，将此图层放置于图层 2 下方，如图 8-52 所示。

图8-43　打开扫描仪　　　　　图8-44　裁切图像　　　　　图8-45　图像模式

图8-46　剪切图像　　图8-47　图层设置　　图8-48　粘贴后的图层变化　　图8-49　"图层2"前景色设置

图8-50　"图层2"套索选择　　　图8-51　"图层2"填充颜色　　　图8-52　"图层3"新建图层

设置前景色为土黄色，如图 8-53 所示。使用"工具箱"中的多边形套索工具 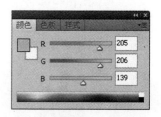 对图像区域进行选择。按【Alt】+ 退格键进行填色，效果如图 8-54 所示。

（5）单击"图层"面板的创建新图层按钮 ，新建一个图层，命名为"图层 4"。设置前景色为黄色，如图 8-55 所示。选择画笔工具 ，画笔工具选项如图 8-56 所示。绘制上衣部分，效果如图 8-57 所示。

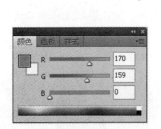

图8-53　"图层3"前景色设置　　　图8-54　"图层3"颜色填充　　　图8-55　"图层4"前景色设置

图8-56　"图层4"画笔工具的设置

图8-57　"图层4"颜色填充应用

（6）选择"工具箱"中的加深工具 ，加深工具选项如图 8-58 所示，效果如图 8-59 所示。

（7）新建一个图层，图层名称为"图层 5"，将此图层放置于图层 4 下方。使用"工具箱"中的多边形套索工具 对图像区域进行选择。按【Alt】+ 退格键进行填色，效果如图 8-60 所示。双击图层 5，弹出"图层样式"对话框，如图 8-61 进行设置，效果如图 8-62 所示。

（8）新建一个图层，图层名称为"图层 6"，如图 8-63 所示。使用"工具箱"中的多边形套索工具 ，对孔雀图像区域进行选择。设置颜色，如图 8-64 所示。按【Alt】+ 退格键进行填色，效果如图 8-65 所示。

（9）双击图层 6，弹出"图层样式"对话框，在样式中选择"光泽"、"渐变叠加"，如图 8-66 进行设置。得到

图8-58　"图层4"加深工具的设置　　　　图8-59　"图层4"加深修饰应用

图8-60　"图层5"颜色填充　图8-61　"图层5图层样式"对话框　图8-62　"图层5"图层样式效果

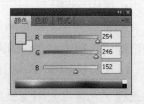

图8-63　新建"图层6"　　　图8-64　"图层6"前景色设置　　　图8-65　"图层6"颜色填充

的效果如图 8-67 所示。

图8-66 "图层6图层样式"对话框　　　　图8-67 "图层6"图层样式效果

（10）新建一个图层，图层名称为"图层7"，此图层放置于图层6上方。使用"工具箱"中的多边形套索工具 ，对花形图像区域进行选择。按【Alt】+退格键进行填色，得到的效果如图 8-68 所示。双击图层7，弹出"图层样式"对话框，如图 8-69 所示进行设置，得到的效果如图 8-70 所示。

图8-68 "图层7"　　　　图8-69 "图层7图层样式"对话框　　　　图8-70 "图层7"
填充颜色　　　　　　　　　　　　　　　　　　　　　　　　　　　　图层样式效果

三、Photoshop服装效果图图像的处理

1.效果图色彩的变换

使用色彩调整命令可以调整图像色彩的各属性数值，如饱和度、亮度、偏色等。Photoshop 软件提供了较多的色彩调整命令，下面就几个常用的色彩调整命令做介绍。

（1）色阶：通过 Photoshop 中的"色阶"对话框可以调整图像的阴影、中间调和高光的强度级别，从而校正图像的色调范围和色彩平衡。其使用方法如下。

①按【Ctrl】+【O】组合键打开素材中的"款式素材1"文件，如图 8-71 所示。

②选择【图像】—【调整】—【色阶】命令，打开"色阶"对话框，并在对话框中勾选"预览"复选框，如图 8-72 所示。在"色阶"对话框中，直方图正下方的三个三角滑块分别代表阴影部分、中间色调部分和高光部分。

③设置阴影。向右拖动直方图下方左边的黑色三角滑块，拖动至图 8-73 所示的位置，图像效果如图 8-74 所示。

图8-71 款式素材1

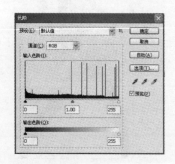

图8-72 "色阶"对话框

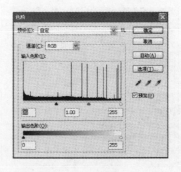

图8-73 色阶调整（一）

图8-74 款式色彩变化（一）

④设置高光。向左拖动直方图右下方的白色三角形滑块，拖动至图 8-75 所示位置，此时图像中的高光变亮了一些，如图 8-76 所示。

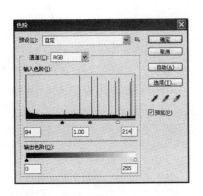

图8-75 色阶调整（二）   图8-76 款式色彩变化（二）

⑤设置中间调。向右拖动直方图下方中间的灰色三角滑块，拖动至图8-77所示的位置，图像效果如图8-78所示。

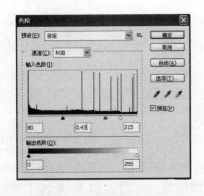

图8-77 色阶调整（三）   图8-78 款式色彩变化（三）

（2）曲线：【曲线】命令与【色阶】命令的功能有异曲同工之处，在"曲线"对话框中也允许调整图像的整个色调范围。利用【曲线】命令，可以在"图像"的整个色调范围内进行调整（从暗调到高光），最多调整14个不同的点，而不是只适用3个调整功能（黑场、灰点、白场系数)。具体说明如下。

①按【Ctrl】+【O】组合键打开素材中的"款式素材2"文件,如图8-79所示。

②选择【图像】—【调整】—【曲线】命令,打开"曲线"对话框,如图8-80所示。对话框中各参数含义如下。

图8-79　款式素材2

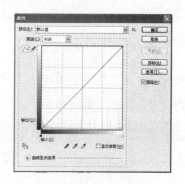

图8-80　"曲线"对话框

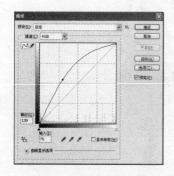

图8-81　调整曲线

• 曲线调节窗口：移动鼠标指针到曲线调节窗口中的曲线附近,待鼠标指针变成十字形状后,按住左键拖动鼠标,即可改变图像的高光、中间调或阴影。

• 输入、输出：这两项用来显示曲线上当前控制点的输入、输出值。

• 【铅笔】：单击该按钮,可以在"曲线调节"窗口中画出所需的色调曲线。

• 【平滑】按钮：单击该按钮,可以使曲线变得平滑,但是该按钮只有在激活【铅笔】按钮时才可用。

③添加并调整控制点(图8-81),单击【确定】按钮。得到的效果如图8-82所示。

(3)色相/饱和度：要调整色彩,首先必须理解色彩,要理解色彩,就必须理解色彩的描述。Photoshop涉及的色彩概念主要包括色相、饱和度和明度三个方面。

①按【Ctrl】+【O】组合键打开素材中的"款式素材3"文件,如图8-83所示。

②选择【图像】—【调整】—【色相】—【饱和度】命令,打开"色相/饱和度"对话框,如图 8-84 所示。对话框中各项含义如下。

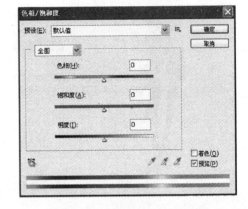

图8-82　色彩曲线调整　　　图8-83　款式素材3　　　图8-84　"色相/饱和度"对话框

• 色相：指色彩的相貌,也就是色彩的基本特征,如图 8-85 所示调整色相数值,得到的效果如图 8-86 所示。

• 饱和度：又叫纯度,指色彩的饱和程度,如图 8-87 所示调整饱和度数值,得到的效果如图 8-88 所示。

图8-85　色相调整　　　图8-86　色相调整效果　　　图8-87　饱和度调整

• 明度：指色彩明暗、浓淡程度。所谓明度是色彩对比的结果。如图 8-89 所示调整明度数值，得到的效果如图 8-90 所示。

图8-88　饱和度调整效果　　　　　　图8-89　明度调整　　　　　　图8-90　明度调整效果

2. 服装效果图图像处理

（1）按【Ctrl】+【O】组合键打开素材中的款式素材 1、款式素材 2、款式素材 3 文件，如图 8-91 所示。

（a）款式素材1　　　　　　（b）款式素材2　　　　　　（c）款式素材3

图8-91　打开款式素材文件

（2）选择"款式素材1"，对款式素材1进行图层操作。单击"图层"面板，在图层面板中显示款式素材1的图层排列，取选背景显示，在除背景外任意一图层上点选，在图层面板右边扩展键点击，如图8-92所示，选择【合并可见图层】命令，图层中可见图层合并，如图8-93所示。款式素材2、款式素材3操作同上。

（3）按【Ctrl】+【N】新建一个文件，在弹出的对话框中设置参数，如图8-94所示。选择"工具箱"中的移动工具 ，移动款式素材1、款式素材2、款式素材3中的人物图层至新建文件中，其图层面板如图8-95所示，得到的效果如图8-96所示。关闭款式素材1、款式素材2、款式素材3文件。

（4）单击图层面板，点击操作款式图层，选择"工具箱"中的魔棒工具 ，在选项中设置参数，如图8-97所示。在图像中点击款式外的白色部分，相应款式外的白色部分即被选取，如图8-98所示。按【Delete】键或菜单栏【编辑】中的【清除】命令，删除款式旁白色的背景部分。

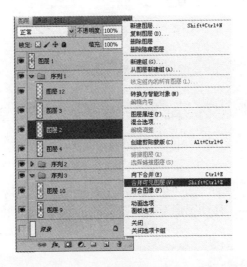

图8-92　选择图层合并命令

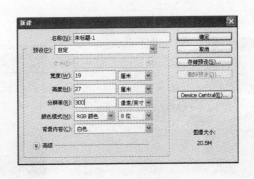

图8-93　图层合并　　　　　图8-94　新建文件设置　　　　　图8-95　图层

图8-96 款式移动

图8-97 魔棒选项设置

（5）打开背景图片，如图 8-99 所示，选择"工具箱"中的矩形选框工具 ▢ ，选择图像区域。选择移动工具 ▶⊕ ，移动图像至效果图文件，得到的效果如图 8-100 所示。

图8-98 魔棒选取

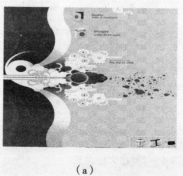

（a） （b）

图8-99 背景图片

图8-100 最后款式效果

思考与练习

1. 设计服装效果图两款，并用 Photoshop 绘制服装效果图。

2. 在绘制的服装效果图中，使用滤镜工具进行画面效果变化。

3. 应用【图像】—【调整】命令，对服装效果图进行色彩和色调变化。

参考文献

［1］程晨 .CoreldrawX4 平面设计基础教程［M］.北京：清华大学出版社，2011.

［2］尹小港 .CoreldrawX5 中文版标准教程［M］.北京：人民邮电出版社，2010.

［3］Corel 公司 .CoreldrawX5 技术大全［M］.北京：人民邮电出版社，2010.

［4］温鑫工作室 .Photoshop 现代服装设计完全实例教程［M］.北京：科学出版社，2010.

［5］杨雪梅 .PhotoshopCS4 中文版实用教程［M］.上海：上海科学普及出版社，2011.

［6］袁惠芬，王旭 .电脑辅助服装设计［M］.南京：南京大学出版社，2011.

［7］王宏付 .Coreldraw 辅助服装设计［M］.上海：东华大学出版社，2005.